はじめてでも迷わない

Figmaのきほん

やさしく学べる
Webサイト・
バナーデザイン入門

もち 著

インプレス

PROFILE

もち
株式会社
xenodata lab. CDO

専門学校でグラフィックデザインを学んだのち、複数のスタートアップでプロダクトのUIデザインを経験。現在ではUI/UXデザインを中心に、社内の全クリエイティブを担当している。IT業界でのデザイナー歴は10年以上。本業以外では、ノーコードWeb制作ツール「STUDIO」の公式パートナーとしてWeb制作を行うほか、オンラインスクールのデザインメンターやTwitterでの情報発信など、デザインの教育活動も積極的に行っている。

▶ ポートフォリオサイト
https://makikosakamoto.design/

INTRODUCTION

Figmaはただのデザインツールではありません。私にとってFigmaは、さまざまなアイデアをかたちにするかけがえのない相棒です。Figmaのおかげでいろいろなことに挑戦できました。そして、あなたにとっても、きっと心強い相棒になるはずです。Figmaがあなた自身の創造力やアイデアを引き出し、クリエイターにしてくれます。デザインに少しでも興味があるなら、一緒に冒険を始めてみましょう！

Figmaを使いこなすことで、あなたの可能性は驚くほど広がります。例えば、SNSでたくさんのフォロワーを獲得したい、人々の心をつかむ魅力的なプレゼンをしたい、新しいプロジェクトをゼロから設計したい、自分の存在を広めるために特別な名刺がほしい、自分だけのオリジナルアプリを作りたいと思ったとき、そのすべてのシーンでFigmaが役立つことでしょう。

私がここまでFigmaを好きな理由は「思想」にあります。それは「デザインをデザイナーだけのものから、みんなのものへ広げる」というものです。今までデザインは、デザイナーの世界だけに閉ざされた、とても閉鎖的な世界でした。しかし、Figmaが目指している思想は、その閉ざされた世界を解放すること。まさに「デザインの民主化」、それがFigmaの目指すところだと思っています。今日まで、その思想に沿って、Figmaは確実にデザインというものをデザイナーだけでなく、すべての人にとって身近なものへと変化させてきました。そしてついに、この本を手に取ってくれたあなたにまで届いたのです！

Figmaによって、デザインの世界に触れるハードルはとても低くなりました。手軽にデザインに触れられる時代に、Figmaを使わないということは、自身の可能性を閉ざしてしまうようなものです。だからこそ、これを機会にFigmaと一緒にデザインの世界を冒険してみてください。その冒険を通じて、新たな自分を発見したり、想像力を広げたり、自分の隠れた情熱を見つけたり、もしくは人々に影響を与える力を持てるかもしれません。そしてその結果、少しでもあなたの未来がワクワクするものになってくれたら、それが私のいちばんの喜びです。

『はじめてでも迷わないFigmaのきほん』は、あなたのデザインの旅の始まりです！ この本にはたくさんの作例があるので、興味がひかれる章から読んでみてください。

さぁ、少しだけ勇気を出してページをめくってみましょう。デザインの世界へ、ようこそ！

2023年6月　もち

CONTENTS

CHAPTER 02

Figmaの基本操作を学ぶ

CHAPTER 03

Figmaで共同作業を行う

CONTENTS

CHAPTER 04

Figmaで使えるリソースを知る

実践編

CHAPTER 05

Instagram広告を作成する

CHAPTER 06

YouTubeのサムネイルを作成する

CHAPTER 07

プレゼン資料を作成する

CONTENTS

CHAPTER 10

UIデザインを作成する

HOW TO USE THIS BOOK

☑ サンプルファイルのダウンロード方法

本書の実践編で解説した作例のFigmaファイルを、読者特典として提供いたします。サンプルファイルは、インプレスブックスのページにある［特典］からダウンロードできます。

https://book.impress.co.jp/books/1122101143

※ダウンロードにはClub Impressへの会員登録（無料）が必要です。

☑ 読者対象

本書の読者対象は次のような方を想定しています。

- ▶ これからFigmaを使い始めるWebデザイナーの方
- ▶ 一度Figmaを使用したことがあるが、挫折してしまった方
- ▶ Webデザイナーではないが、仕事などでデザインを行う必要がある方
- ▶ Webデザイナーとかかわりのある方

☑ 紙面で掲載しているパーツについて

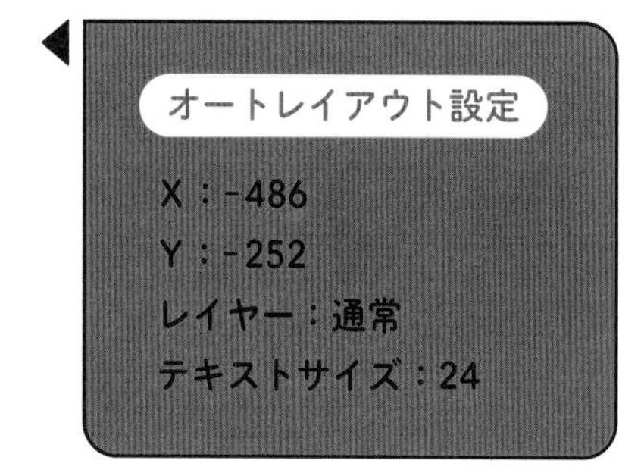

オートレイアウト設定
X：-486
Y：-252
レイヤー：通常
テキストサイズ：24

フォントの種類・サイズやレイアウトの設定方法をまとめています。

ガイドの削除方法

ガイドを削除するには、ガイドを選択して Delete を押すか、ガイドをキャンパス外にドラッグ&ドロップします。

Figmaをより使いやすくするためのTipsや、実務で役に立つテクニックを著者目線で紹介しています。

基礎編

CHAPTER 01

Figmaについて学ぶ

デザインコラボレーションツールのFigmaの概要と、
アカウントの作成方法を学びましょう。

基礎編

LESSON 01

Figmaとは

#概要
#使用環境

Figmaはブラウザベースのデザインツールで、UIデザインツールのシェアで1位を獲得した注目のツールです。

Figmaの概要

Figmaとは、ユーザーインターフェース（UI）やユーザーエクスペリエンス（UX）のデザインの作成に特化した、ブラウザベースのリアルタイムコラボレーション・デザインツールです。

Figmaは、Dylan Field氏とEvan Wallace氏によって2012年に開発がスタートし、「デザインをすべての人々にオープンにすること」を使命にかかげ、2016年に正式版がリリースされました。本書執筆時点では、アメリカのサンフランシスコ本社に加えロンドン、そして日本に拠点があります。

Figmaは世界でもっとも使われているUIデザインツール

UI/UXデザインに携わる人々のための海外コミュニティサイト「UX tools」が2022年に行った調査によると、実際に利用されているデザインツールのシェアは、Figmaが他のツールに圧倒的な差を付けて1位に選ばれています（図表01-1）。

図表01-1 主に利用しているデザインツール（UX tools：2022年）

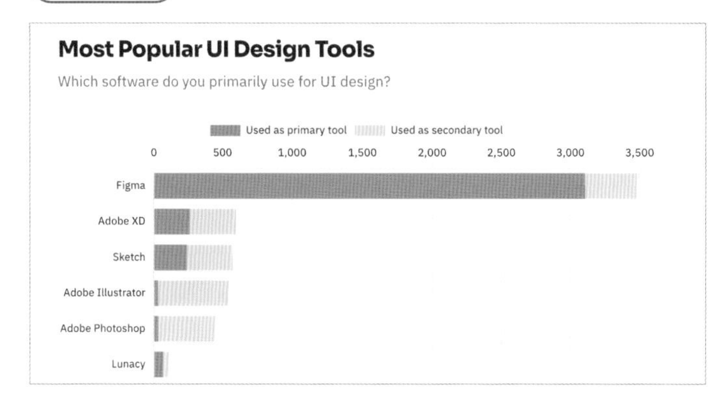

図表01-2 デザインツールのレーティング（UX tools：2022年）

Ratings

Top rated tools

Highests ratings for tools with a large number of responses.

Figma	☆☆☆☆☆ 4.68 (3105)
Sketch	☆☆☆☆☆ 4.05 (241)
Adobe XD	☆☆☆☆☆ 3.89 (263)

出典：https://uxtools.co/survey/2022/ui-design

図表01-2にあるように、レーティングでも1位を獲得していることから、世界中でFigmaの人気が高いことが分かります。さらに2022年9月、AdobeがFigmaを約200億ドルで買収すると発表したことで、さらに注目を集めました。

Figmaの使用環境

Figmaは、本書執筆時点でMacとWindowsのデスクトップアプリが利用できるほか、ブラウザ版も利用できます。また、iOS／Android用のモバイルアプリもありますが、編集データとプロトタイプの閲覧、コメントの閲覧・追加・編集のみと機能が限定されており、デザインの編集自体はできません。

基礎編

LESSON 02

Figmaの特徴と他のツールとの違い

特徴
Adobe XD

世界中でシェアされるFigmaの特徴を見ていきましょう。Adobe XDとの違いも解説しています。

Figmaの特徴

UI／Webデザインに特化

FigmaはUIデザインやWebデザインなど、デジタルプロダクトのデザイン作成に特化しているため、無駄な機能がなく操作がシンプルで直感的です。効率的にデザインするための機能も豊富なので、作業スピードが上がります。

リアルタイムでの共同編集が可能

Figmaはオンラインベースで作られているため、リアルタイムに複数人でデザインファイルを共同編集することができます。

高速なパフォーマンス

Figmaの開発チームはパフォーマンス向上にとても力を入れています。そのため、他のデザインツールと比べて動作が重くなりにくいという特徴があります。サクサク動くので快適に操作できます。

ファイルの一元管理が可能

デザインファイルをオンライン上で一元管理できるため、自分で最新ファイルに上書き保存するといった面倒な作業は必要ありません。常に最新のファイルに誰でもアクセスすることが可能です。また、変更内容は自動で保存されるため、バージョン管理も不要です。

ファイルの共有が簡単

Figmaはリンクを他のユーザーに渡すだけで、常に最新の状態の編集データやプレビュー画面などの共有が可能です。

プロトタイピングもできる

Figmaの登場以前はデザインツールとプロトタイピングツール（画面遷移やアニメーションを再現してチェックするためのツール）が分かれていることが当たり前でしたが、Figmaではデザインからプロトタイピングまで、すべてFigma上で完結します。

プラグインが豊富

Figmaはコミュニティがとても活発で、さまざまなユーザーが便利なプラグインを自作してコミュニティ内で無料公開しています。プラグイン以外にも、テンプレートやUIデザインで使用するボタンやフォームなどのパーツがセットになっているUIキットなどのデザインリソースも充実しています。

Figmaが活躍するシーン

このような特徴を持つFigmaは、主に次に列記した成果物の作成で利用されています。デザインのみならず、サイトマップや要件定義書などの幅広い用途があります。

- UIデザイン
- サイトマップ
- 画面遷移図
- プレゼンテーション
- SNS・プレス用のバナー
- Webデザイン
- カスタマージャーニーマップ
- ワイヤーフレーミング
- PDF資料
- HTMLメールテンプレート
- 要件定義書
- ユーザーストーリー
- プロトタイピング
- 名刺

FigmaとAdobe XDの違い

FigmaとAdobe XDの違いはよく聞かれることの1つです。この2つのツールでできることの差はほとんどありません。しかし、細かい部分にそれぞれに強みがあるので、好きなほうを自分で選ぶとよいでしょう。まずはFigmaの強みを紹介します。

Figmaの強み

デザインファイルの共有がスムーズ

Adobe XDは共有データをマージしないと最新の状態にならないのに対して、Figmaは自動同期なので常に最新の状態を保てます。

画面が見やすい

プレビュー画面やコメントの表示などは、Figmaのほうが見やすい印象です。細かいことですが、このようなちょっとした使いやすさの差が、日々の作業ではチリツモで大きな差になっていきます。

オンラインホワイトボードツール「FigJam」が使える

Figmaはオンラインホワイトボードツールの「FigJam」も提供しています。こちらは複数人でブレーンストーミングなどのアイデア出しを行う場合や、ワークフロー／デザインの指示書などの作成に便利なツールです。本書では詳しく解説しませんが、ノンデザイナーでも活躍する場面が多いツールなので、興味がある人はぜひ利用してみてください。

▶ FigJam
https://www.figma.com/ja/figjam/

このように、Figmaはチームで利用しやすい機能がそろっています。一方で、Adobe XDには以下のような強みがあります。

Adobe XDの強み

Creative Cloudライブラリでの共有が可能

Adobe XDはAdobe製品なので、他のAdobeツールとの互換性の高さが特徴の1つです。Adobe XDで登録したアセットをPhotoshopで利用したり、Photoshopで登録した画像をAdobe XDで使用したりすることが可能です。

複数の共有リンクを管理できる

「デザインレビュー」や「ユーザーテスト」などの、目的に応じた「表示設定」のセットが用意されています。

デザインレビュー時には、コメント機能などのフィードバックに役立つ機能をアクティブにできます。また、ユーザーテスト時には操作のヒントなどは出さず、実際のサイトと同じ表示にするなどの細かい設定が可能で、パスワードを設定することもできます。ただし、デザインの更新は「リンクを更新」ボタンを押さないと反映されません。作業中の状態を見せたくない場合には便利ですが、注意しないと反映忘れの懸念もあります。

アニメーションで扱えるプロパティが多い

Adobe XDでは、プロトタイプにアニメーションを加える機能が、Figmaに比べて多少ですが多いので、より複雑なアニメーションを扱えます。その点、FigmaではGIFアニメーションや動画に対応することでカバーしています。

他のツールからFigmaに移行する方法

Sketchからの移行

Figmaでは、UIデザインに特化したデザインツールであるSketchファイルのインポートに対応しています。インポート方法は以下の2種類があります。

- 以下のように、Figmaのダッシュボード画面の［最近表示したファイル］または［下書き］で［ファイルをインポート］をクリックし、Skitchファイルを開く。
- SketchファイルをFigmaにドラッグ&ドロップする。

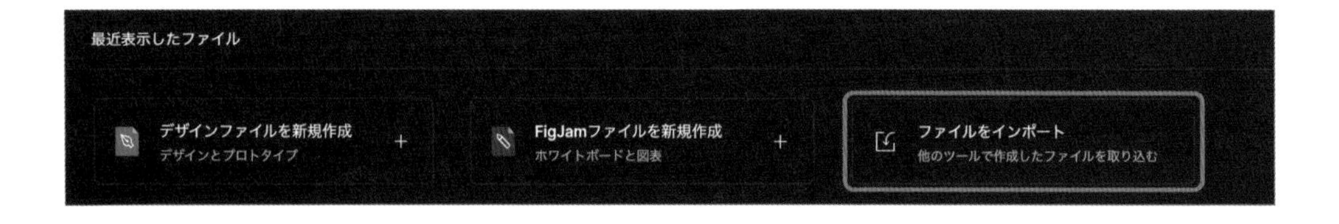

上記のいずれかの方法でインポートできますが、インポートの過程でスマートレイアウト、アピアランス、カラーバリアブルなどの一部の機能が失われてしまうので、ある程度の復旧作業が必要になることも多いです。

Adobe XDからの移行

Figmaではxdファイルのインポートに対応していませんが、xdファイルを移行する方法が次のページの2つあります。

SVGを使ってインポートする

Adobe XDの画面で、アートボード名を右クリックして［SVGコードのコピー］を選択します。そしてFigmaの画面に移り、直接貼り付けます。この方法はとても簡単ですが、PNGやJPGなどの画像が貼り付けられないなど、一部反映されない部分もあるので注意してください。

外部の有料サービスを使う

xdファイルをfigファイルに変換する「XD2Sketch」というサービスがあります。1ファイルにつき$17かかりますが、精度は高いので本格的に移行する際は選択肢に入れてもいいでしょう。以下の画面の［+］にXDファイルをアップロードして変換します。

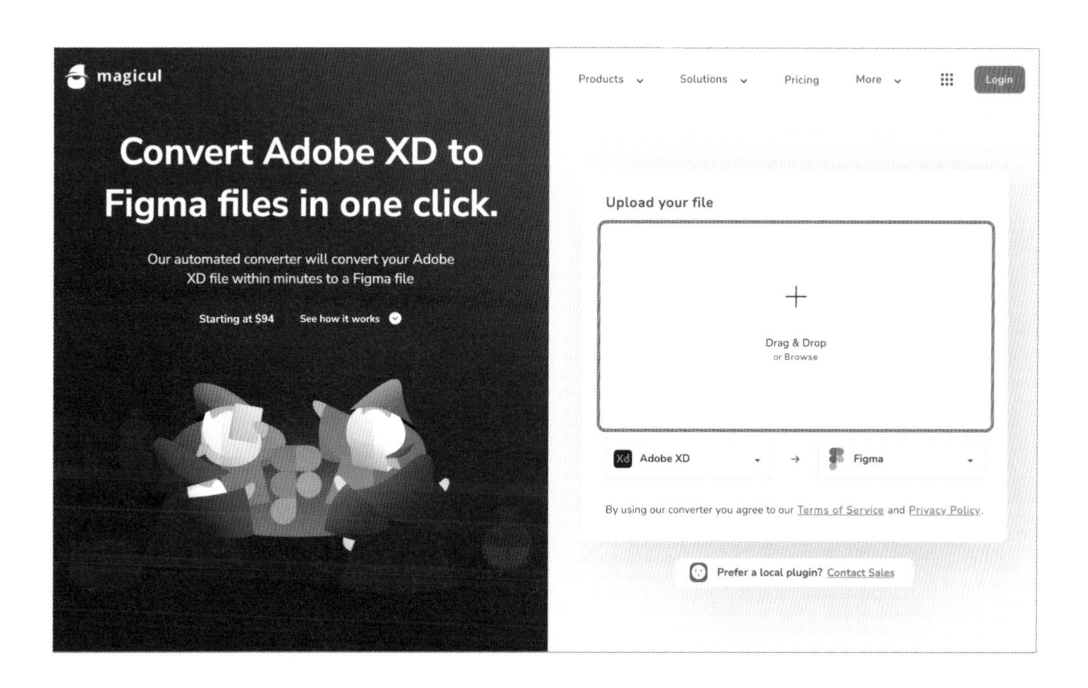

▶XD2Sketch.com
https://magicul.io/converter/xd-to-figma

基礎編

LESSON 03

プランの種類と選び方

#料金プラン

Figmaには5つのプランがあります。それぞれのプランでできることを確認してからプランを選択しましょう。

プランの種類

本書執筆時点で、Figmaには大きく分けて5つのプランがあります。それぞれの特徴を見ていきましょう。今後のアップデートによって料金体系に変更が生じる可能性があるので、Figmaのアカウントを作成する前にFigma公式のプランページを確認しておくとよいでしょう。なお、本書に記載している料金はすべて税別の金額です。

▶価格設定
https://www.figma.com/ja/pricing/

スタータープラン

Figmaを無料で使えるプランです。利用できる機能は以下の通りです。

- 3つのFigmaファイルと3つのFigJamファイル
- 個人用ファイル数無制限
- コラボレーター数無制限
- プラグイン、ウィジェット、テンプレート
- モバイルアプリ

Figmaプロフェッショナルプラン

編集アクセス権を持つ編集者1人あたり月額2,250円（年払いの場合は1,800円）で利用できるプランです。利用できる機能は以下の通りです。

- Figmaファイル数無制限
- バージョン履歴数無制限
- 権限の共有
- 共有プロジェクトとプライベートプロジェクト
- チームライブラリ
- 音声での会話

Figmaビジネスプラン

編集者1人あたり月額6,750円（年払いのみ）で利用できるプランです。プロフェッショナルプランの機能に加え、ファイルの一元管理やシングルサインオンなどができます。

エンタープライズプラン

高度なセキュリティと柔軟な管理機能を備えた、編集者1人あたり月額11,250円（年払いのみ）で利用できるプランです。ビジネスプランの機能に加え、ワークスペースの管理やゲストアクセス管理などの機能が利用できます。

エデュケーションプラン

前述の4つのプランに加え、エデュケーションプランも用意されています。これは教育用のプランです。学生または教育者であれば、Figmaのエデュケーションプランを利用する資格があります。

エデュケーションプランでは、プロフェッショナルプランで利用できるすべての機能を無料で利用できます。ただし、エデュケーションプランは利用資格である以下の条件を満たしている必要があります。

- 13歳以上である
- 教育機関の学生または教師である

教育機関の条件

- 高等学校、大学、大学院、職業専門学校、高等専門学校、短期大学
- オンラインコース、ブートキャンプ、ワークショップ
- デザインおよびコーディングの専門学校

教育機関の資格を満たさない組織

エデュケーションプランは、以下の組織では利用できません。

- 自習型教育機関
- アーリーステージスタートアップ企業
- 主な目的が教育以外の「非営利」組織
- 主な目的が教育以外の組織に属している教育プログラム

エデュケーションプランの詳細は、以下を参照してください。

▶ エデュケーションプラン
https://www.figma.com/ja/education/

プラン選びの基準

個人・小規模プロジェクトで利用する場合

個人・小規模プロジェクトの場合は、無料のスタータープランが適しています。個人でFigmaを使い始める場合はこちらのプランを選びましょう。

ただし、スタータープランでコラボレーション（共同編集）する場合は、１チーム・３ファイル・３ページまでという制限が付くので注意してください。

Figmaでは、チーム内にあるファイルにしか共同編集者を招待できません。チームに入れるファイルをその都度差し替えることで、複数プロジェクトに対応できますが、プロジェクトの規模が大きくなってきたり、プロジェクトの数が増えてきたりした場合は、どうしてもこの制限内でやりくりするのが厳しくなってくるでしょう。その際は、プロフェッショナルプランへのアップグレードを検討しましょう。

中小企業・中規模のチームプロジェクトで利用する場合

企業や中規模のチーム単位でFigmaを利用する場合は、Figmaプロフェッショナルプランが適しています。チーム内のファイル作成数が無制限になるほか、チームで共通のライブラリを使えるようになります。チームで1つのプロダクトを作る場合は、この機能が使えるととても便利です。

大企業で利用する場合

大企業で導入する場合は、Figmaビジネスプランが適しています。組織全体のライブラリやマスターファイルの作成・コピーを行うことで同時に編集できるブランチ機能、マスターファイルに統合するマージ機能などが利用できるので、膨大かつ複雑なデザインデータの管理が可能です。ビジネスプランでも機能が足りない場合はエンタープライズプランを検討しましょう。

学校などの教育現場で利用する場合

教育現場で利用する場合は、エデュケーションプランの利用を検討しましょう。利用資格が認められれば、プロフェッショナルプランと同等の機能を利用できます。エデュケーションプランを利用するには、以下のURLから申請する必要があります。

▶ エデュケーションプランの申し込み画面

https://www.figma.com/education/apply

基礎編

LESSON 04

#アカウント設定
#ブラウザ

アカウントを作成してブラウザ版にログインする

ブラウザ版のアカウントを作成しましょう。
ブラウザ版ではフォントを追加する必要があります。

アカウントを作成してログインする

まずはFigmaの公式サイトにアクセスしましょう。サイトにアクセスしたら右上の［サインアップ］か中央の［Figmaを無料で体験する］ボタンをクリックしてください。

▶ Figmaの公式サイト

https://www.figma.com/ja/

すると、左のようなポップアップが表示されるので、Googleアカウントを選択するか、メールアドレスとパスワードを入力して［アカウント作成］をクリックしましょう。筆者的には管理が楽なので、Googleアカウントを選択するほうがおすすめです。

以下のダッシュボードページに移動できたらアカウント作成は完了です。

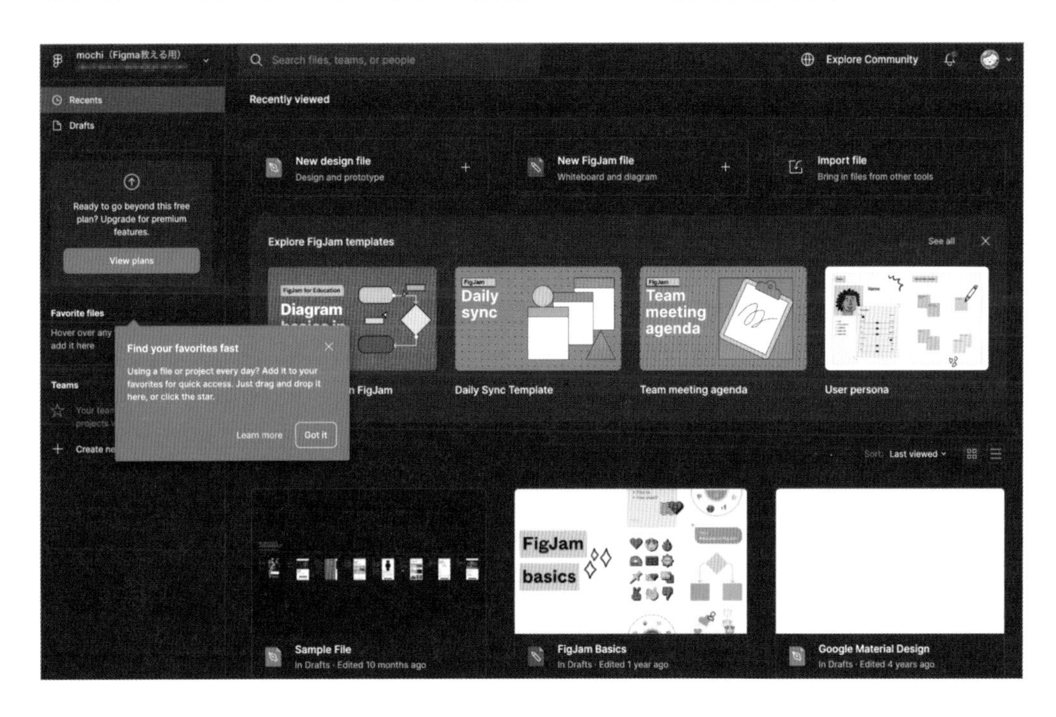

ブラウザ版でフォントを追加する

Figmaではデスクトップアプリの場合、パソコンにインストールされているフォントがそのまま利用可能です。ブラウザ版でもパソコンにインストールされているフォントを使用したい場合は、「Font Installer」というツールを利用する必要があります。以下のURLからMacまたはWindowsのインストーラーをダウンロードしてください。

▶ Figmaのダウンロードページ
https://www.figma.com/ja/downloads/

以下の画面のように、ダウンロードした「Install Figma Agent」をダブルクリックして開けば準備完了です。フォントが追加されない場合はFigmaを開いているタブを更新してください。

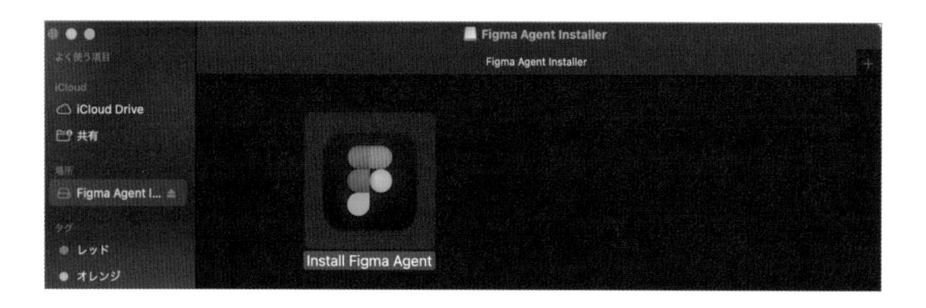

ブラウザ版とデスクトップアプリ版はどちらがいいの？

表示領域が大きいことや、細かい使い勝手が優れていることから、筆者的にはデスクトップアプリ版をおすすめしています。普段使っているパソコンにはデスクトップアプリ版を入れておくとよいでしょう。普段とは違うパソコンから利用する場合は、ログインするだけでよいのでブラウザ版の利用が便利です。

基礎編

LESSON 05

デスクトップアプリ版をダウンロードする

#アカウント設定
#デスクトップアプリ

デスクトップアプリ版ではFigmaのアカウントのほか、Googleアカウントでログインできます。

デスクトップアプリ版をダウンロードするには、Figmaのダウンロードページへアクセスしましょう（URLは前のページを参照）。もしくはFigmaの公式サイトにあるメニューの［製品］▶［ダウンロード］をクリックして移動してください。以下のようなページが開いたらOKです。

ページの左側にある［デスクトップアプリ］の中から、自分が使用しているパソコンのOSに対応するアプリをダウンロードしましょう。

Figmaのダウンロード

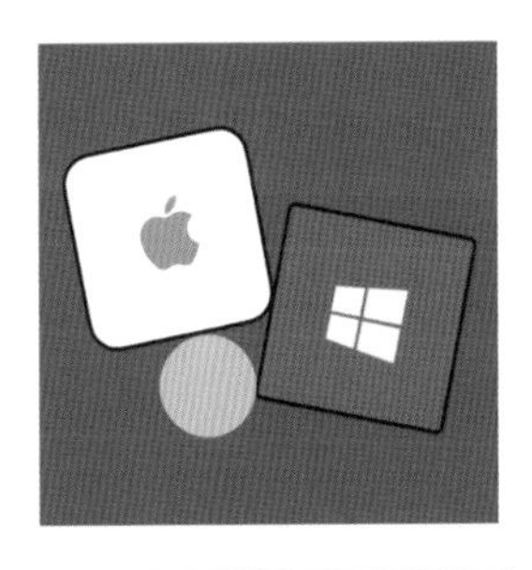

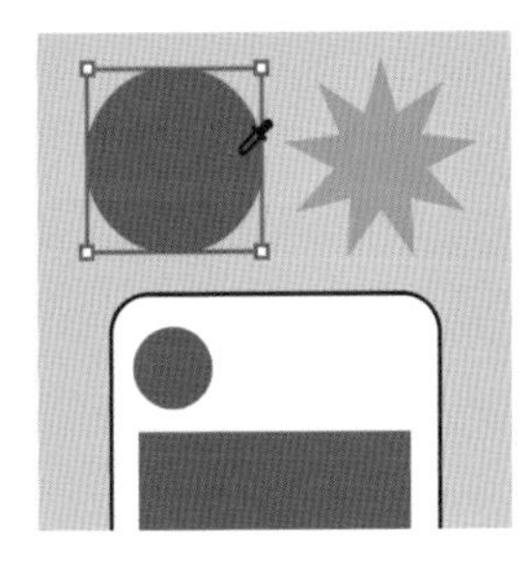

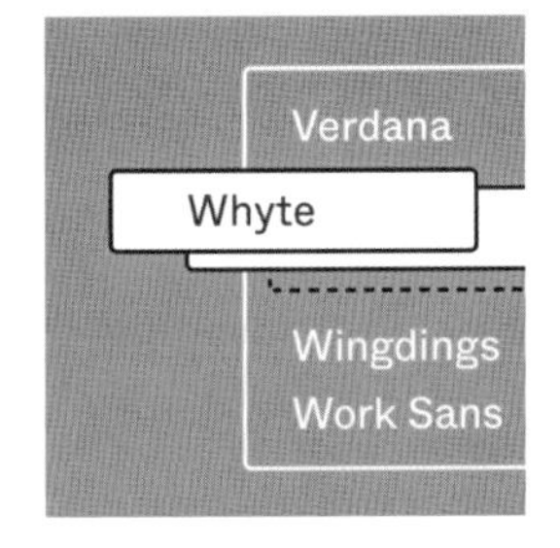

デスクトップアプリ
macOS用デスクトップアプリ
Windows用デスクトップアプリ

モバイルアプリ
iOS用Figma
Android用Figma

フォントインストーラー
macOSインストーラー
Windowsインストーラー
*デスクトップアプリでは、フォントインストーラーが不要です。

ダウンロードしたファイルを開いたら、Macの場合は以下のようにFigmaのアイコンをアプリケーションフォルダーにドラッグ＆ドロップして格納しましょう。Windowsの場合はインストーラーが起動するので、画面の指示に従ってインストールします。

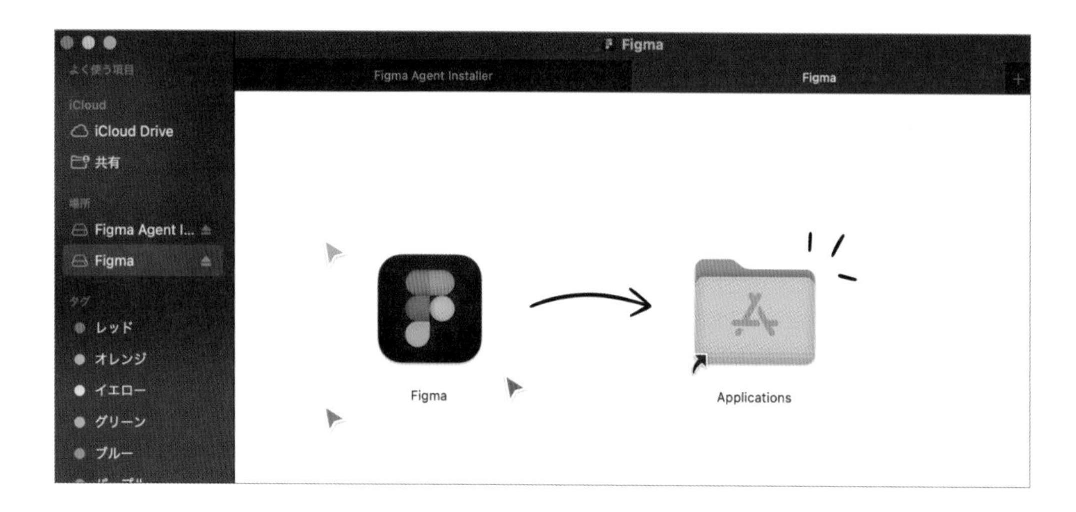

その後、Macではアプリケーションフォルダーから、Windowsではスタートメニューから Figmaを起動します。続いて、以下のように表示された［ブラウザでログイン］ボタンをクリックし、次のページのようにログインを進めます。

左の画面で［Googleで続行］をクリックすると、すでに作成済みのGoogleアカウントを利用してFigmaを利用できます。Figmaのアカウントを作成している場合は、メールアドレスとパスワードを入力してログインしてください。まだ作成していない場合は、［ログイン］ボタンの下にあるアカウント作成リンクから作成します。

ログインすると、Figmaを開くか聞かれるので、［Figmaを開く］をクリックしましょう。

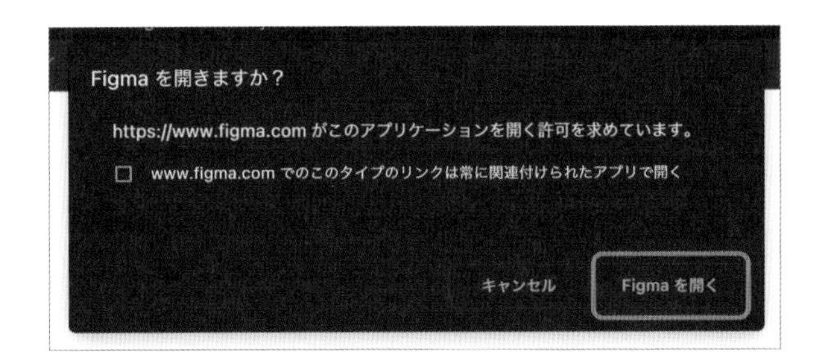

するとデスクトップアプリが開きます。以下の画面のように、デスクトップアプリでダッシュボードが表示されていれば準備完了です。

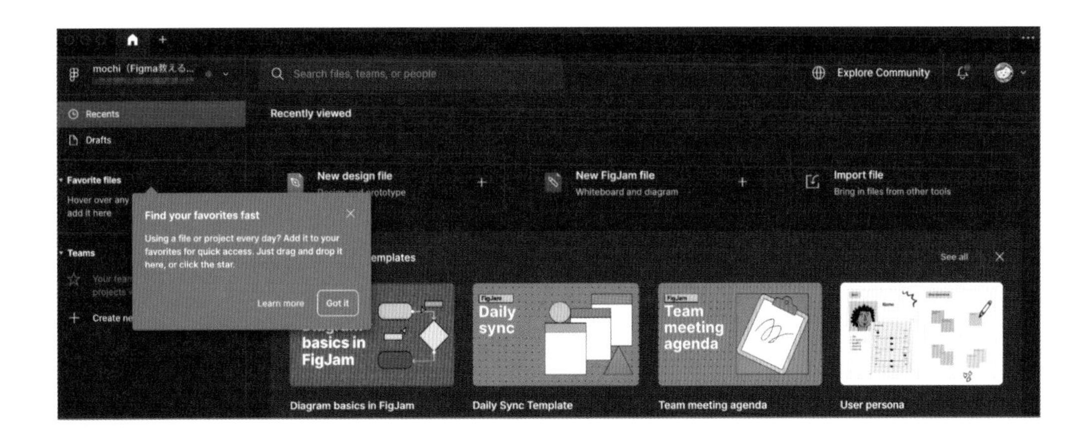

基礎編

LESSON 06

表示言語を日本語に設定する

#アカウント設定
#言語

Figmaでは日本語表示と英語表示から選択できます。
自身の好みに合わせて設定しましょう。

設定画面から言語を変更する

Figmaの表示言語を日本語に変える方法はデスクトップアプリ版、ブラウザ版ともに同じです。まずは❶ダッシュボード画面の右上にあるアイコンをクリックします。するとメニューが開くので、その中から❷［Settings］を選択します。

設定画面のポップアップが開いたら、［Language］の❸［Change languages］という文字をクリックしてください。

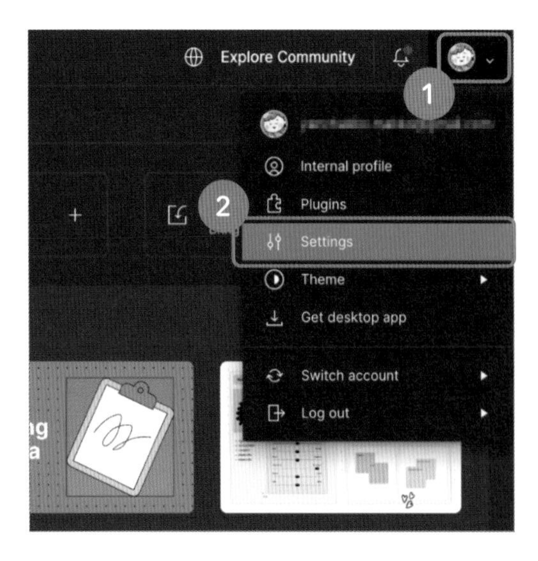

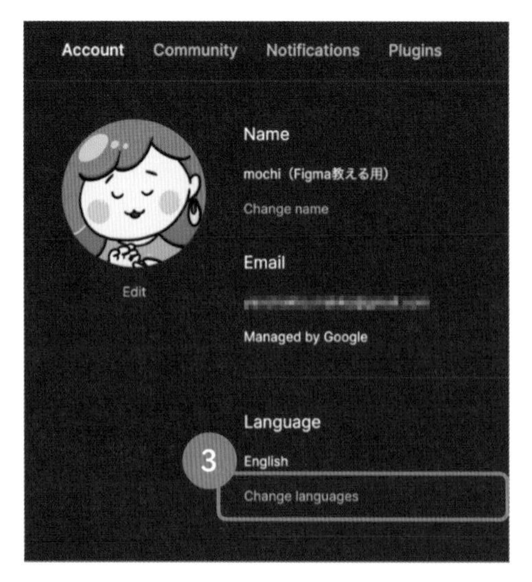

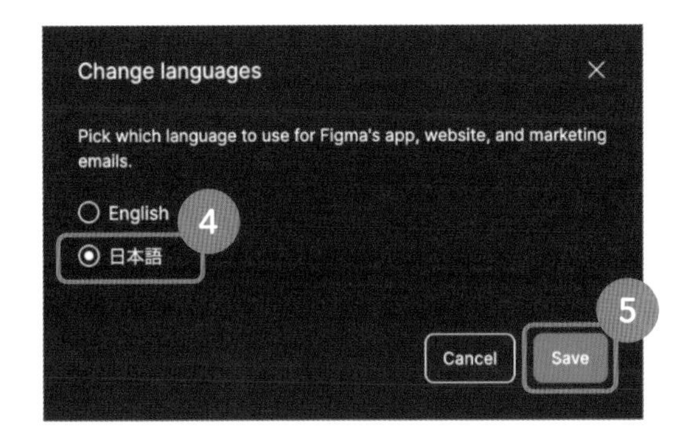

［Change languages］と表示されたら、下にある❹［日本語］を選択して❺［Save］ボタンをクリックします。

これで以下のようにFigmaの画面が日本語に変わりました。

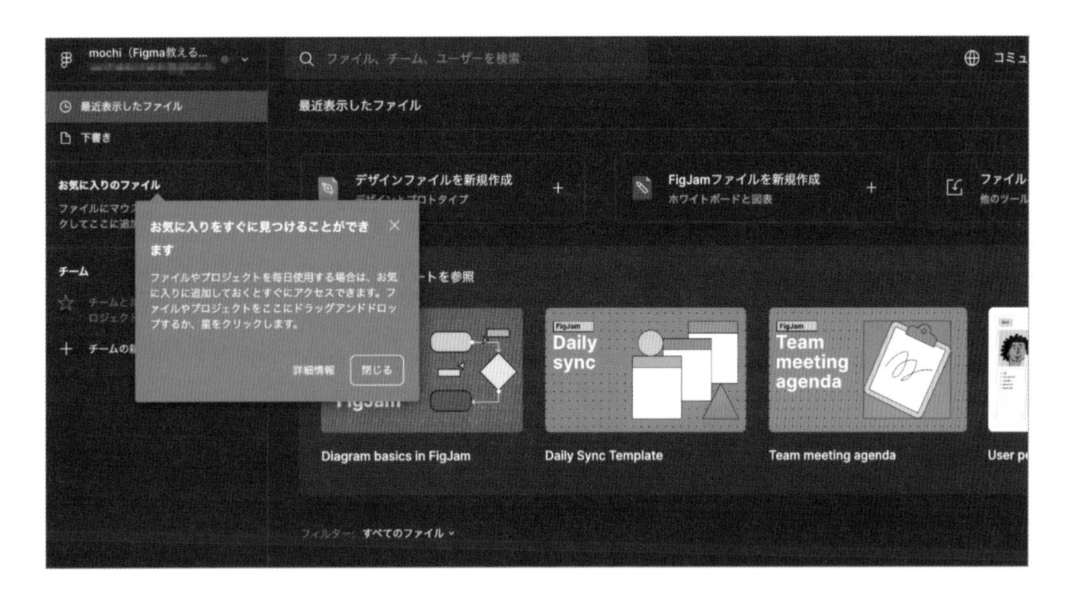

日本語表示と英語表示はどちらを使うのがいいの？

特別な事情がなければ、日本語表示の使用でよいでしょう。日本語だとすぐに理解できるほか、ツールや機能の名前も覚えやすいです。しかし、Figmaの公式ヘルプやチュートリアルの情報は英語のほうが圧倒的に多いため、日本語表示では情報が探しづらくなる可能性があります。

COLUMN 01

もちとFigmaの出会い、そして歩み

私とFigmaの出会いは、さかのぼること約5〜6年前になります。デザインツールといえばAdobeのIllustratorやPhotoshop、そしてUIデザインに特化したSketchをよく使っていましたが、徐々にFigmaの存在を認識するようになりました。私は昔から新しいものが好きで、Figmaに移行する企業も現れ始めたころ、ついにFigmaを試してみました。最初にFigmaで作ったのは、過去に作成したバナーの再現でした。初めて使ってみた感想は、操作感がとてもよく「黒いツールバーに水色のアクセントカラーがカッコいいな」と思ったことをよく覚えています。

その後、Figmaへの移行を検討するために、しばらく試用期間を設けました。その間にFigma愛が着々と育まれていきました。Figma愛を感じた大きな理由として「アップデートの速さ」と「機能センスの良さ」があります。これらは自分的に、Figma愛を語るうえで外せない項目です！ 試用期間中、何度かFigmaにアップデートが入りましたが、アップデートの度に必要だった機能が追加されただけではなく、アップデートの速さにいつも驚かされていました。その進化の速さとセンスの良さは、私の中で着実にFigma制作チームへの信頼を醸成し、愛へと変わっていきました。Figma制作チームは、実際に現場でデザインしている人たちのことを、本当によく理解してくれている。そして、Figmaを通して本気でデザインの世界を変えようとしているんだと、自然と信じることができました。これが私の「Figmaと共に歩むデザイン人生」の始まりです。

振り返ると、私がFigmaを使い始めたきっかけは機能性や操作性、見た目の美しさに惹かれた点も大きいですが、結局はFigmaの制作チームに対して、絶大な信頼感を持てたことがいちばんの決め手でした。チームの思想がFigmaを通して届き、そして私の心を動かしたのだと思います。Figmaは期待を裏切ることなく、目まぐるしいスピードでアップデートを繰り返し、世界的にもっとも使われているデザインツールに成長しました。

そんな出会いから5〜6年が経ち、気づけば私のデザイナー人生の約半分はFigmaと共に歩んできたことになります。Figmaとの出会いによって、本当に多くの可能性を切り拓くことができました。Figmaのおかげでチームでデザインを作る楽しさを知り、個人としても作業が効率化されたことで、幅広い仕事を受けられるようになり、デザイナーとしてとても成長させてもらいました。

基礎編

CHAPTER 02

Figmaの基本操作を学ぶ

Figmaの編集画面や基本的な操作方法、便利な機能について、
ひと通り理解しましょう。

基礎編

LESSON 07

データ構造を学ぶ

#データ
#料金プラン

Figmaでは、チームの中にプロジェクトがあり、さらにその中にファイルが存在する構造になっています。

データの階層とファイルの種類

Figmaにおけるデータの階層構造を見ていきましょう。図表07-1のように、Figmaはチーム▶プロジェクト▶ファイルと細分化されていきます。ファイルは2種類あり、「プロジェクトファイル」と「下書きファイル」に分けられます。また、Figmaの画面上では、それぞれが次のページのように表示されます。

図表07-1 Figmaのデータ構造

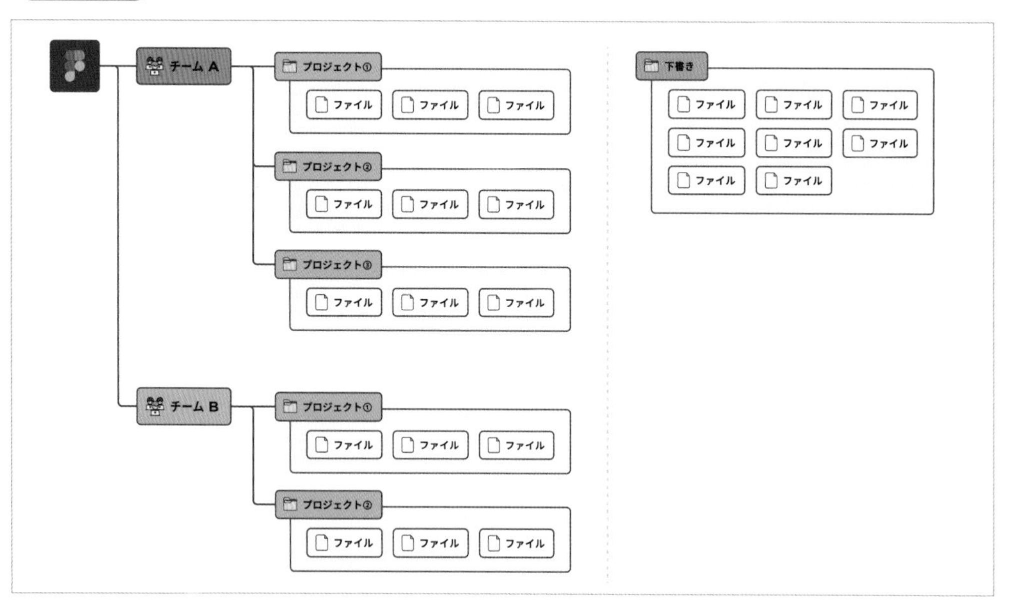

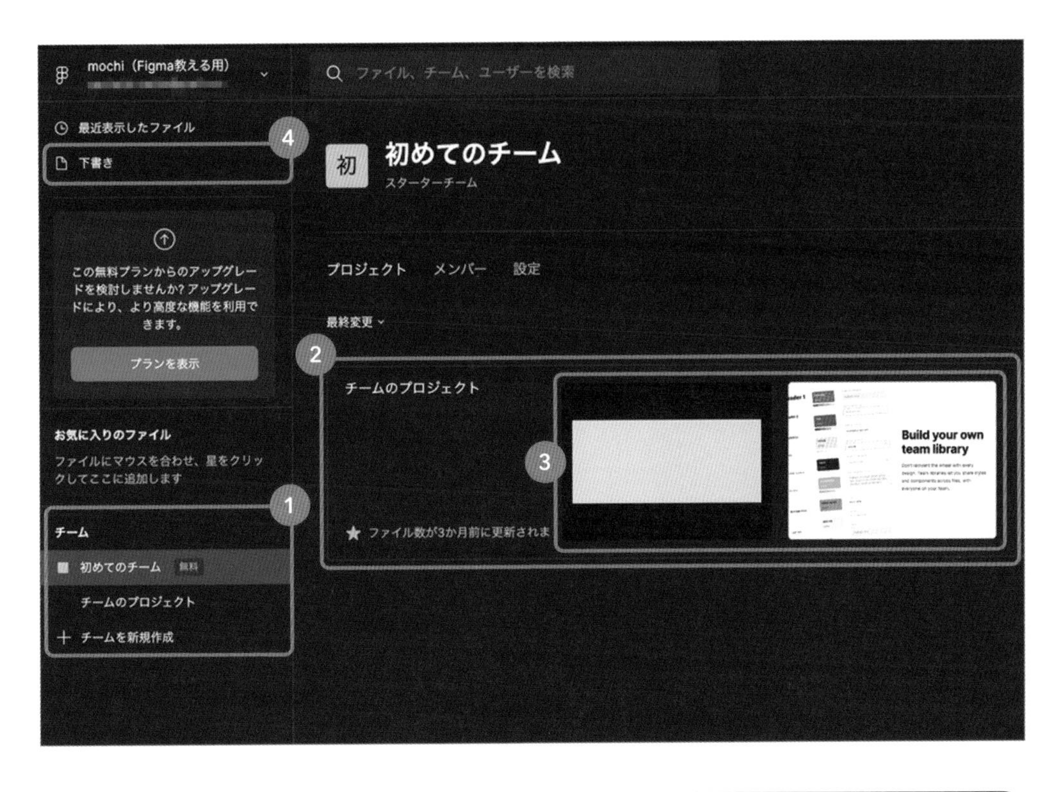

番号	名前	内容
❶	チーム	プロジェクトやファイルを共有・管理する単位です。 メンバーを追加することで、チーム内でのコラボレーションが可能になります。
❷	プロジェクト	関連する複数のファイルをまとめるフォルダです。 プロジェクトはチーム内で共有されます。
❸	ファイル	デザインデータが保存される個々のドキュメントです。ファイル内は、ページで分かれています。
❹	下書きファイル	チームに所属していないファイルや、まだプロジェクトに追加されていないファイルです。個人でのアイデア出しなどに使用します。

プロジェクト内のファイルは、編集権限が付いた招待を他のユーザーに送ることができます。下書きファイルも招待できますが、編集はできず閲覧のみという制限があります。

下書きファイルをプロジェクトファイルにするには、以下の画面のように、下書きファイルを［チームのプロジェクト］にドラッグ＆ドロップで移動します。

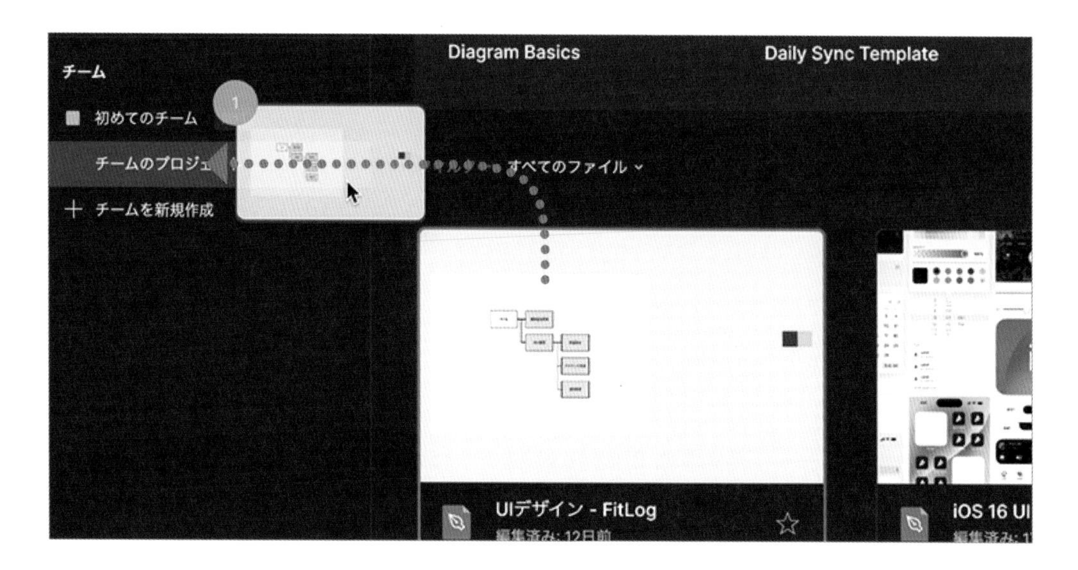

無料プランの制限に注意する

LESSON 03でも解説しましたが、無料のスタータープランの場合は以下の制限があるので注意してください。ややこしいですが、大切なことなのでもう一度見ていきましょう。

無料のスタータープランの制限内容

- チームは1つまで作成できる
- チームのプロジェクトは1つまで作成できる
- プロジェクト内のファイルは3つまで作成できる
- ファイル内のページは3つまで作成できる

3つ以上のファイルで編集者を招待する場合は、チームのプロジェクト内のファイルをその都度入れ替えて対応する（下書きに移動したファイルは自分のみ編集可能）か、有料プランを検討しましょう。ちなみに、有料プランはチームごとに料金が発生するので注意してください。

基礎編

LESSON 08

#ダッシュボード
#チーム

ファイル管理を学ぶ

このレッスンでは、ファイルを管理する画面を学んでいきます。
ダッシュボード画面とチーム画面について見ていきましょう。

ダッシュボード画面の構成

Figmaを起動すると、以下の画面のようにダッシュボード（またはファイルブラウザ）画面が開きます。ダッシュボード画面では、プロジェクトやファイルを管理します。デザインを編集するには、ダッシュボード画面からファイルを開きましょう。ファイルの編集画面が表示されます。

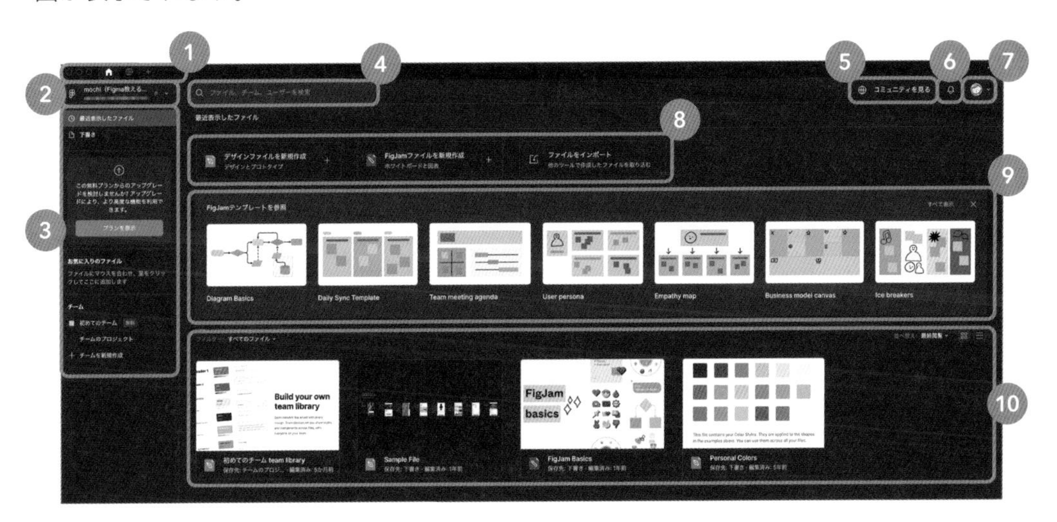

各部の名前と内容は、次のページの表を参照してください。

番号	名前	内容
❶	タブ	ダッシュボード画面に戻るときや、ファイル間を移動する際に使用します。
❷	アカウント切り替え	Figmaアカウントの切り替えができます。
❸	ファイルメニュー	最近使用したファイル／下書き／チームごとにファイルの表示を切り替えられます。
❹	検索	ファイル／チーム／ユーザーを検索できます。
❺	コミュニティを見る	Figmaで使用できるプラグインやデザインリソースが配布されているコミュニティを閲覧できます。
❻	通知	ファイルへのコメントや招待などの情報が通知されます。
❼	アカウントメニュー	アカウントの設定やプラグインの管理、ログアウトができます。
❽	ファイル作成	ファイルの新規作成、またはインポートができます。
❾	FigJamテンプレート	FigJamで使用できるテンプレートが表示されます。
❿	ファイル一覧	ファイルの一覧が表示されます。

チーム画面の構成

前のページのダッシュボード画面にあるファイルメニューより、自分の所属しているチームをクリックすると、チーム画面が表示されます。次のページにあるのがチーム画面で、チーム（複数人）で作業するプロジェクト／ファイルを管理する画面となります。

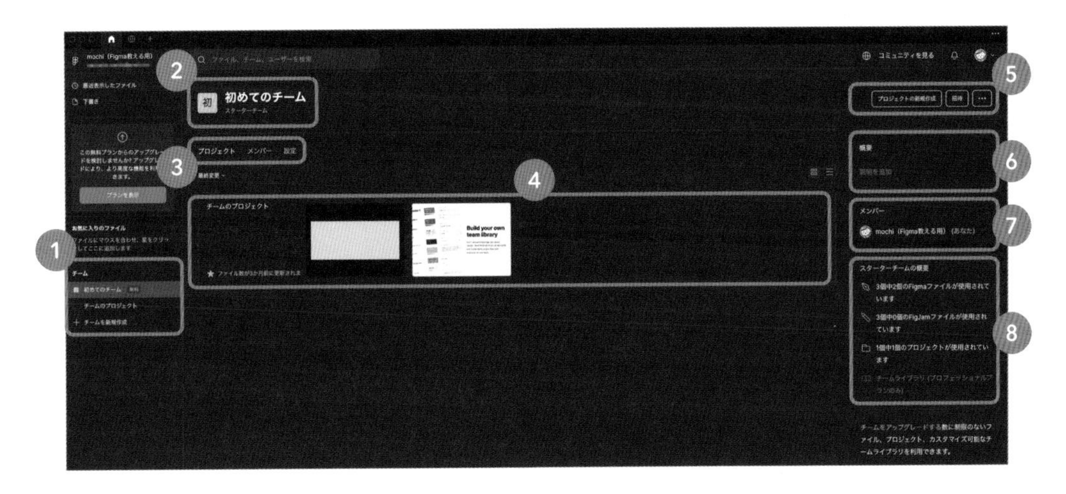

番号	名前	内容
❶	チーム一覧	自分が参加しているチームとプロジェクトの一覧が表示されます。
❷	チーム名	チーム名とアイコンが表示されます。
❸	メニュータブ	プロジェクト／メンバー／設定の表示を切り替えられます。
❹	チームの プロジェクト	チームのプロジェクト一覧が表示されます。
❺	チームの 基本操作	新規プロジェクトの作成やメンバーの招待などが可能です。
❻	チーム概要	チームの説明を記入・表示できます。
❼	メンバー	メンバーの一覧が表示されます。
❽	プラン概要	使用しているプランごとに、チームで使用できる機能や制限について表示されます。

基礎編

LESSON 09

編集画面を学ぶ

#編集画面

Figmaの編集画面は、デザイン作業を行うための主要な画面です。編集画面はエリアとパネルで構成されています。

編集画面の構成

Figmaでデザインを行うときは、編集画面から操作します。編集画面は以下のように構成されています。

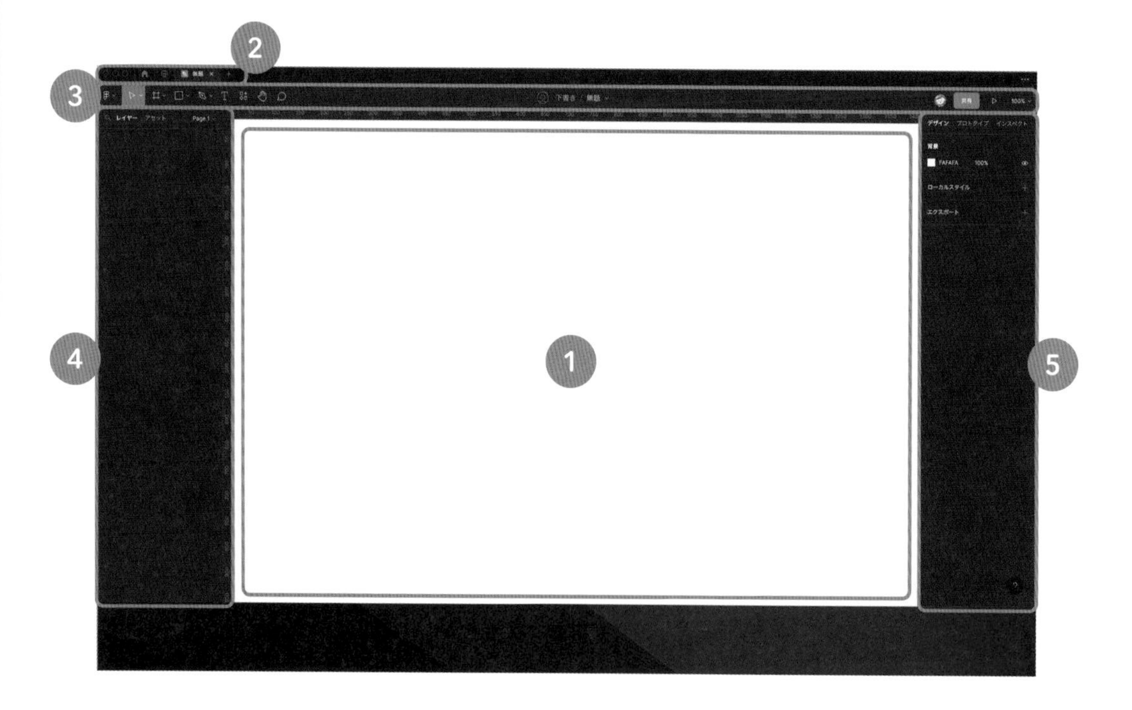

番号	名前	内容
❶	キャンバス	デザイン要素を配置し、編集するための作業領域です。
❷	タブ	複数ファイルを開いたときに横にタブが並びます。これにより、ファイルの行き来が可能です。
❸	ツールバー	デザインに関するさまざまな操作を行うためのツールが並んでいます。ツールには移動／フレーム／ペン／テキストなどが含まれます。
❹	左サイドバー	ページ／レイヤー／アセットのパネルを表示します。デザイン要素を階層的に表示したり、アセットの一覧を表示したりできます。
❺	右サイドバー	デザイン／プロトタイプ／インスペクトのパネルを表示します。右サイドバーは選択されたオブジェクトの属性を表示・編集する場所です。

以上が編集画面の大まかな構成です。では、各機能をさらに細かく見ていきましょう。

ツールバー

ツールバーは、選択しているレイヤーにより中央部分の機能（以下の画面の❿）が変化します。デフォルトの状態での各ボタンの名前と内容は、次のページの表を参照してください。また、レイヤー選択時、複数レイヤー選択時の状態についても、以降のページで順に解説します。

デフォルト（何も選択していない状態）のツールバー

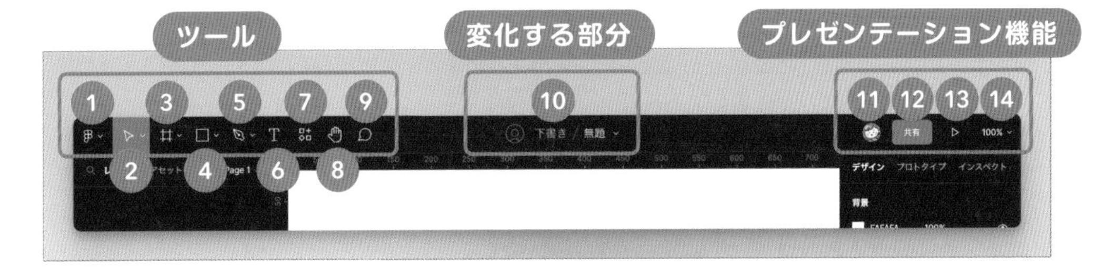

番号	名前	内容
1	メインメニュー	Figmaで操作できる全メニューがここから操作できます。
2	移動ツール	移動：　　オブジェクトの選択や移動ができます。 拡大縮小：オブジェクトの全体のサイズを拡大・縮小できます。
3	リージョンツール	フレーム：　デザインを作る土台となるフレームを作成できます。 セクション：フレームをグルーピングできます。 スライス：　特定の範囲をエクスポートするための範囲指定ができます。
4	シェイプツール	長方形／円／線／多角形など、さまざまな形のシェイプを作成できます。
5	作成ツール	ペン：ベジェ曲線を利用してパス描画を作成できます。 鉛筆：フリーハンドでベジェ曲線を描画できます。
6	テキスト	テキストを入力できます。
7	リソース	コンポーネント／プラグイン／ウィジェットの検索ができます。
8	手のひらツール	キャンバスの表示領域を移動できます。
9	コメントの追加	キャンバス上にコメントを付けられます。
10	ファイル情報	ファイルの種別とファイル名が表示されています。
11	ファイルを閲覧 しているアカウント	リアルタイムでファイルを閲覧しているアカウントが表示されます。
12	共有	ファイルを共有するための共有パネルが表示されます。
13	プレゼンテーションを 実行	ファイルのプレビューやプロトタイプを確認できます。
14	ズーム／ 表示オプション	キャンバスの表示倍率を変更できます。その他にも、定規の表示やコメントの表示など、さまざまな表示設定の変更もここから行います。

レイヤー（図形やテキストなどの要素）選択時のツールバー

番号	名前	内容
1	オブジェクトの編集	選択しているオブジェクトのパス編集モードになります。
2	コンポーネントの作成	コンポーネント（LESSON 11を参照）を作成するときに使います。
3	マスクとして使用	マスクの作成ができます。マスクでは、画像を好きな形に切り取ることができます。

複数レイヤー選択時のツールバー

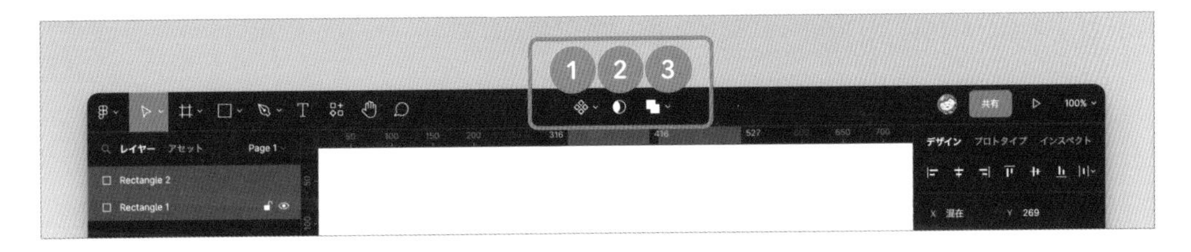

番号	名前	内容
1	マルチコンポーネントの作成	複数オブジェクトを一気にコンポーネント化できます。
2	マスクとして使用	マスクの作成ができます。
3	ブーリアングループ	選択範囲の結合などができます。Adobe Illustratorの複合シェイプのような機能です。

左サイドバー

レイヤータブ

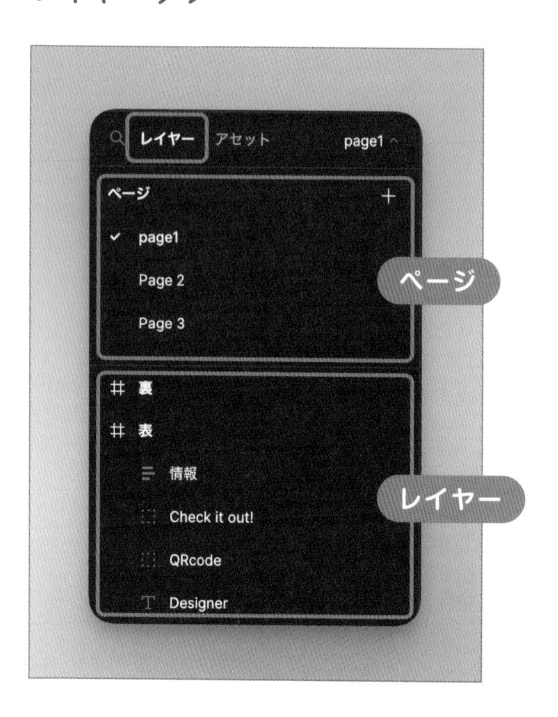

レイヤータブは、ファイル内のページを管理するページパネルと、デザイン内の要素（オブジェクト）であるレイヤーを管理するレイヤーパネルで構成されています。

ページパネルでは、新しいページを追加したり、既存のページを切り替えたりできます。ページを使って、異なる画面やデザインのバリエーションを整理できます。

レイヤーパネルでは、レイヤーを階層的に表示します。レイヤー欄で選択されたオブジェクトの表示順序や、非表示・表示設定、ロック状態などを操作できます。また、レイヤーの名前を変更したり、グループ化・解除したりすることも可能です。

レイヤーの種類

Figmaでは、さまざまな種類のレイヤーを使用してデザインを構築します。各レイヤーのアイコンと名前、内容は次のページの通りです。

アイコン	名前	内容
	フレーム	デザインの基本的な構成要素で、 画面やアートボードに相当します。フレーム内には、 他のレイヤーや要素を配置できます。
	グループ	複数のオブジェクトをまとめたレイヤーです。
	オートレイアウト（縦）	要素間の間隔やサイズを自動調整するオートレイアウト機能が付いたレイヤーです。オートレイアウトもフレームの一種として扱われます。
	オートレイアウト（横）	オートレイアウト付きレイヤーの横並びバージョンです。
	メイン コンポーネント	再利用可能なデザイン要素です。メインコンポーネントからインスタンスを作成して使用します。
	インスタンス	メインコンポーネントから生成された複製です。インスタンスは、メインコンポーネントと同期しながら個別に編集が可能です。
	テキスト	文字や段落を表現するレイヤーです。
	シェイプ	四角形や楕円形といった基本的な図形を表現するレイヤーです。
	ベクター	パスやアンカーポイントを使用してカスタム図形を表現するレイヤーです。
	画像	画像ファイル（JPEG、PNG、GIF、SVGなど）を配置するレイヤーです。
	動画	動画ファイルを配置するレイヤーです。
	セクション	デザイン内で複数の要素を分割・整理するためのレイヤーです。セクション内には、他のレイヤーや要素を配置できます。

アセットタブ

アセットタブは、プロジェクト内で使用されるコンポーネントやライブラリを管理・利用するための領域です。左の画面のように構成されています。

番号	名前	内容
1	検索窓	コンポーネントの検索ができます。
2	表示切り替え	コンポーネントの表示をリスト表示、 もしくはグリッド(サムネイル)表示に切り替えられます。
3	チーム ライブラリ	チームライブラリのパネルを開きます。チームライブラリとはコンポーネントやスタイルを一元的に管理し、チームメンバー間で共有するための機能です。
4	コンポーネント 一覧	ファイルで作成したコンポーネント、使用しているコンポーネント、ライブラリ経由で使用できるコンポーネントが一覧で表示されます。

右サイドバー

デザインタブ

オブジェクトのスタイルやプロパティを調整するためのタブです。左の画面のような構成になっています。

番号	名前	内容
❶	整列	オブジェクトを縦や横に整列させる機能です。 選択したオブジェクトを上揃え、中央揃え、下揃え、左揃え、右揃えなどにできます。
❷	位置・サイズ	オブジェクトの位置やサイズを変更でき、 角度や角丸の指定も可能です。
❸	オート レイアウト	オブジェクトの間隔やサイズを自動調整する機能です。オートレイアウトの設定、方向、間隔、パディングなどを調整できます。
❹	レイアウト グリッド	オブジェクトを整列するためのグリッドを表示する機能です。グリッドの種類（行／列／グリッド）／間隔／色／表示の有無などを設定できます。

番号	名前	内容
⑤	レイヤー	レイヤーのブレンドスタイルを選択できます。不透明度の調整も可能です。
⑥	塗り	色を塗る・変更する際に使用します。
⑦	線	線を付ける・変更する際に使用します。
⑧	選択範囲の色	選択したオブジェクトの塗りや線の色が一覧で表示されます。ここから複数のオブジェクトの色を一括で変更できます。
⑨	エフェクト	ドロップシャドウ／インナーシャドウ／レイヤーブラー／背景のぼかしの4種類のエフェクトが適用できます。
⑩	エクスポート	デザインを画像ファイル(PNG、JPEG、SVG、PDFなど)として書き出します。
⑪	プレビュー	エクスポートする画像のプレビューを表示します。

プロトタイプタブ

プロトタイプタブは、デザインをインタラクティブなプロトタイプに変換し、UXをテストする機能です。オブジェクト間のインタラクションやアニメーションを設定できます。

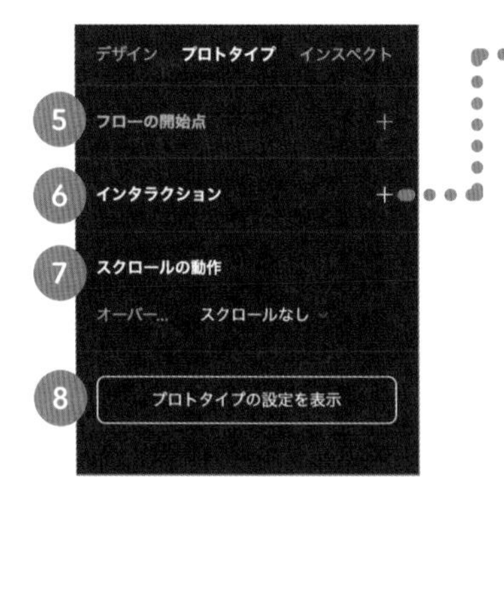

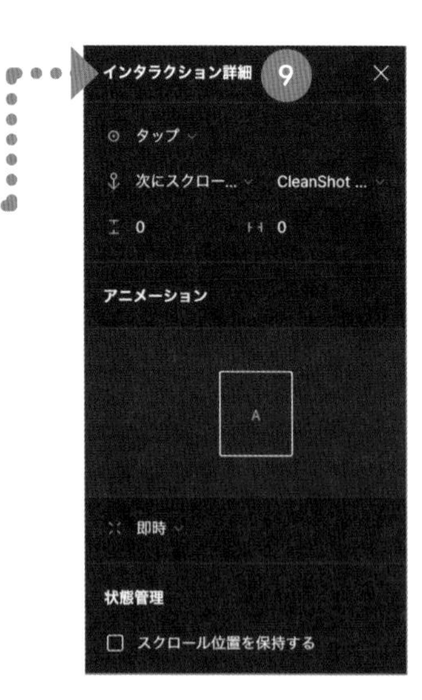

番号	名前	内容
❶	デバイス	プロトタイプを表示するデバイス（iPhone／iPad／Galaxyなど）を選択します。
❷	モデル	❶のデバイスで選択したデバイスのモデル（色）を選択できます。
❸	プレビュー	プレゼンテーション画面のプレビューが表示されます。
❹	背景	プロトタイプの背景色を設定できます。
❺	フローの開始点	プロトタイプの開始画面（最初に表示される画面）を設定します。
❻	インタラクション	オブジェクト間のインタラクションを定義します。
❼	スクロールの動作	スクロール動作を制御できます。スクロールの方向やスクロール領域の設定が可能です。
❽	プロトタイプの設定を表示	プロトタイプの全体的な設定を表示します。
❾	インタラクション詳細	選択されたインタラクションに関する詳細情報を表示します。

インスペクトタブ

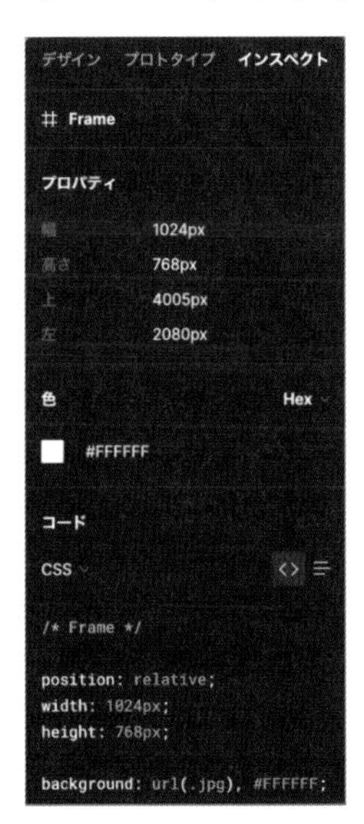

インスペクトタブとは、デザインファイルから開発者がコードを生成し、実装に役立てるために使用するタブです。主にデザイン要素の詳細情報やCSSコード、iOS／Android用のコードを抽出するために使用します。

基礎編

LESSON 10

Figmaの操作

基本操作を覚える

このレッスンでは、Figmaの基本的な操作を解説します。実践編でも必要になるので覚えておきましょう。

拡大・縮小（ズームイン／ズームアウト）

キャンバス上のオブジェクトを拡大して確認したいときや、引きでデザイン全体を確認したいときに拡大・縮小を使用します。MacとWindowsでは以下のように操作します。

- Mac：　command を押しながらマウスでスクロール（トラックパッドではピンチ）
- Windows：Ctrl を押しながらマウスでスクロール

ズームイン／ズームアウトにはショートカットもあります。Macの場合は command ＋ ＋ でズームイン、command ＋ － でズームアウトできます。Windowsの場合は Ctrl ＋ ＋ でズームイン、Ctrl ＋ － でズームアウトできます。MacもWindowsも Shift ＋ 1 で自動ズーム調整が可能です。

移動ツール

移動ツールは、オブジェクトやコンポーネントをキャンバス上で移動したり、サイズを調整したりするための基本的なツールです。Shift を押しながら拡大・縮小すると縦横比を保持できます。

番号	名前	内容
❶	移動	オブジェクトの選択や位置調整をする基本的なツールです。
❷	拡大縮小 （スケールツール）	オブジェクトやコンポーネントのサイズを比例的に拡大・縮小するツールです。テキストなど、特殊なオブジェクトの拡大・縮小がうまくいかない場合はスケールツールを使ってみましょう。

フレームツール

フレームツールでは、フレームを作成します。フレームとはアートボードのようなもので、Figmaでは基本的にフレーム上にデザインを作成していきます。Figmaでは、デザインするためのテンプレートも豊富に用意されています。

シェイプツール

シェイプツールは、図表10-1のように長方形（正方形）・直線・矢印・楕円（正円）・多角形・星のシェイプ（図形）が簡単に作成できるツールです。画像や動画を配置することもできます。

図表10-1 シェイプツールで作成できる図形

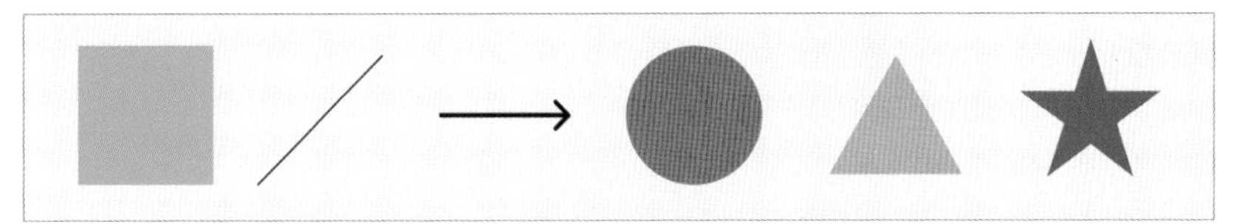

シェイプツールには見落としがちですが、知っておくと便利な機能があります。

Shift を押しながらシェイプを作成する

シェイプツールを使う際に Shift を押しながら操作すると、特定の形状を簡単に作成できます。例えば、直線は45度単位、長方形は正方形、楕円は完全な円（正円）、多角形は正三角形になります。

角丸を作成する

シェイプを選択して、以下のように表示される四隅の○（Radius）をドラッグすることで、角丸を作成できます。また、デザインタブから数値を入力して調整することも可能です。

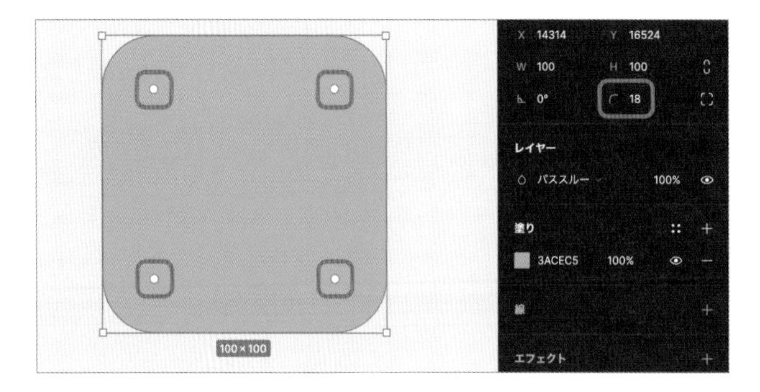

さまざまな多角形を作成する

多角形ツールで三角形を作成すると、デザインタブに［数］という欄が表示されます。これは頂点の数を調整する機能です。例えば五角形を作成したい場合は、ここに「5」と入力します。シェイプを選択して「Count」と呼ばれる○をドラッグしても、頂点の数を調整できます。

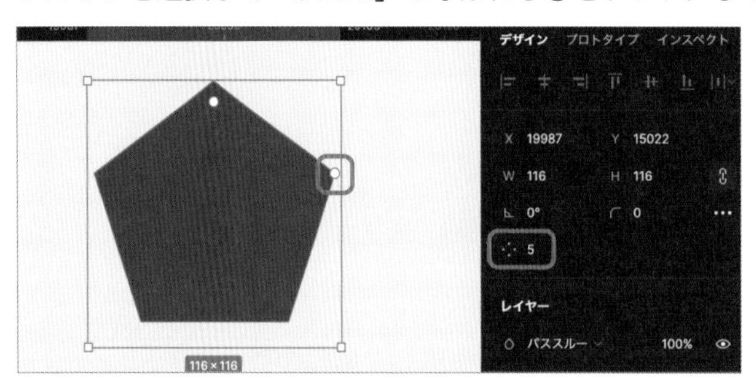

星ツールを応用する

星ツールでは、シェイプ選択時の◯（Count）をドラッグ、もしくはデザインタブの［数］に数値を入力することで、頂点の数を増やせます。頂点の数を増やすとギザギザした形になります。

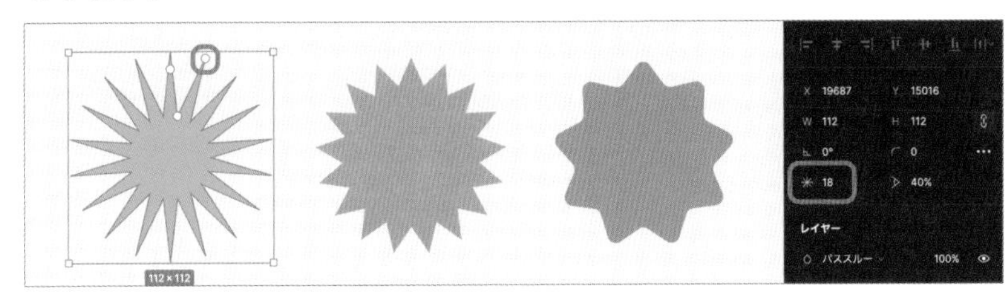

作成ツール

作成ツールは、ベクター形式で直線や曲線などの図形を自由に描画するための機能です。

ペンツール

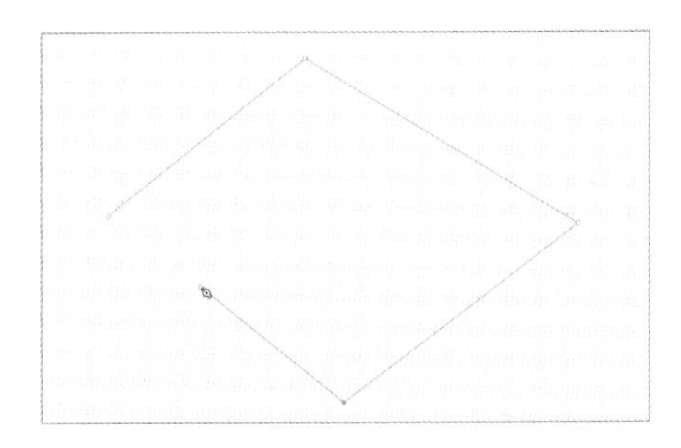

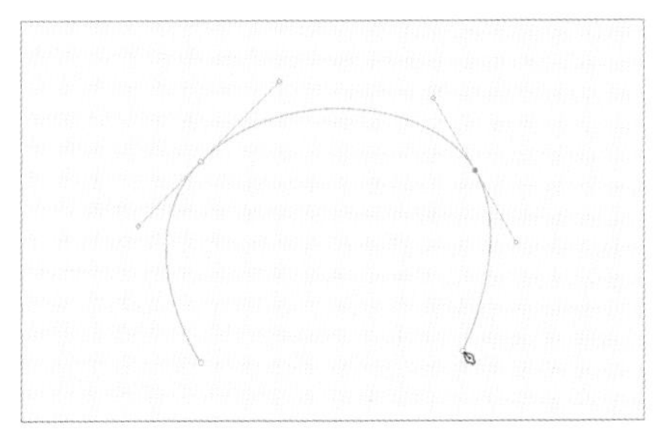

ペンツールでは左の画面のように直線、カーブ、複雑な形状の曲線を作成できます。カーブを作成するには、アンカーポイント（軸となる点）を追加し、これらのアンカーポイントをドラッグしてカーブを作成します。また、既存のポイントを調整することも可能です。

ドラッグしながら線を引くと、アンカーポイントからハンドル（方向線）が表示され、曲線を描くことができます。これをベジェ曲線といいます。

鉛筆ツール

鉛筆ツールでは、左の画面のようなフリーハンドでベクター形式の線が描けます。

テキスト

テキストを入力する

ツールバーにある［T］をクリックするとテキスト入力モードになります。キャンバス上の好きな位置をクリックすると、テキストが入力できます。

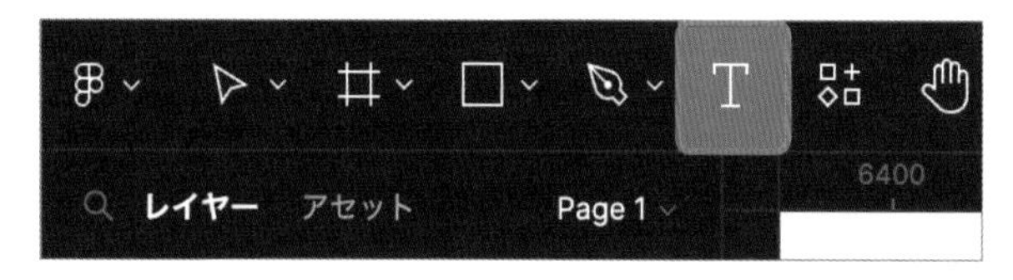

青いボックスをつくっ
てから入力すると
範囲内でテキストが改
行されます。
388×176

キャンバスでドラッグすると、入力範囲を指定する青いボックスが作成できます。ボックスを作成してから入力すると、左の画面のようにボックス内で自動的にテキストが折り返されます。

テキストパネル

デザインタブ内のテキストパネルでは、フォントの種類や行間などを設定できます。

番号	名前	内容
❶	フォントの種類	利用可能なフォントから選択し、 テキストに適用できます。
❷	フォントの太さ	テキストの太さを調整します。
❸	フォントサイズ	テキストのサイズを指定します。
❹	行間	テキストの行間を調整します。
❺	文字間隔	テキスト内の文字間隔を調整します。
❻	段落間隔	テキストの段落間隔を調整します。
❼	テキストボックスの設定	テキストボックスのサイズを自動調整にするか固定サイズにするか選択できます。
❽	テキストの揃え（水平方向）	テキストを左揃え／中央揃え／右揃えにできます。
❾	テキストの揃え（垂直方向）	テキストボックス内でテキストを上揃え／中央揃え／下揃えにできます。
❿	テキストスタイル	事前に定義されたテキストスタイルを適用できます。また、新しいテキストスタイルを作成して保存することも可能です。
⓫	タイプの設定	テキストの詳細な設定を行うパネルを表示します（次のページを参照）。

タイプの設定パネル

前のページの画面⓫にある［タイプの設定］をクリックすると、左の画面でテキストの詳細な設定が可能です。主要な機能は以下のものがあります。

番号	名前	内容
❶	サイズ変更	基本的にテキストボックスの設定と同じですが、［テキストを省略］が選択可能です。テキストボックスの大きさに応じて、テキストがはみ出る場合は「…」で切り捨てることができます(図表10-2の左側を参照)。
❷	配置	基本的にテキストの配置(水平方向)と同じですが、［テキスト両端揃え］(均等割付)が選択可能です(図表10-2の右側を参照)。
❸	上下トリミング	テキストボックスの上下の余白をなくす設定が可能です。
❹	装飾	なし／下線／取り消し線の3種類の装飾が選択できます。
❺	段落間隔	段落間の距離を設定できます。
❻	リストスタイル	箇条書きのスタイルを変更することができます。バレット(点)と番号付きの2種類が選択できます。
❼	大／小文字	大文字にする／小文字にする／各単語の先頭文字を大文字にする／スモールキャップスから選択できます。
❽	詳細設定	インデントの調整など、より詳細な設定が行えます。
❾	バリアブル	バリアブルフォント(Adobe／Apple／Google／Microsoftが共同で開発したフォント)の設定が調整できます。

図表10-2 タイプの設定パネルでの設定例

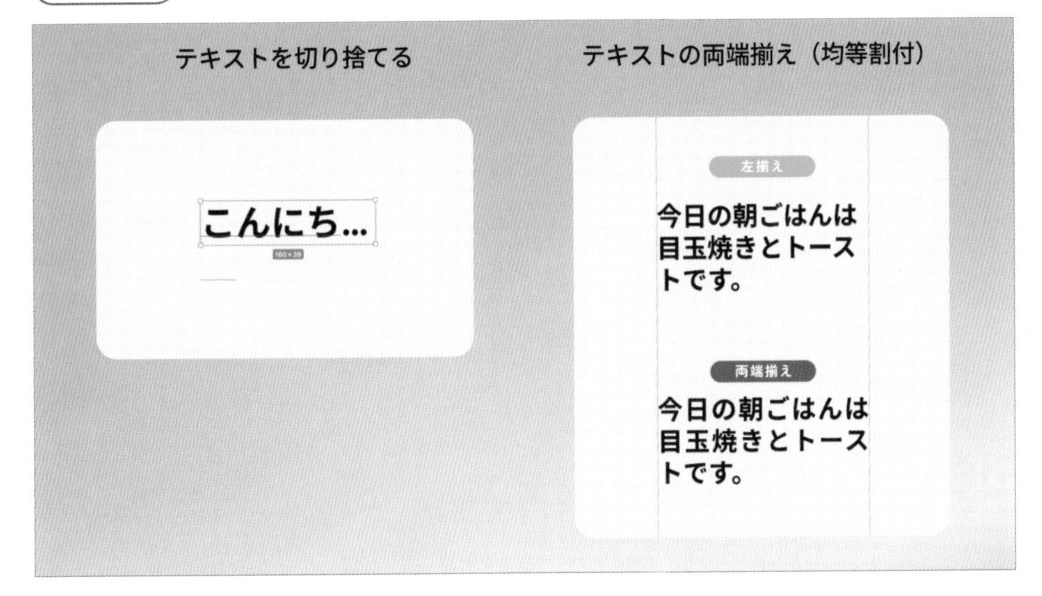

テキストを縦書きにする

テキストボックスの横幅を文字サイズと同じ幅にした状態で、[タイプの設定] の [詳細設定] ▶ [字形] にある [Vertical alternates] にチェックを付けると、縦書きのような見た目になります。ただし、改行しても次の行にカーソルがいかないなど、取り扱いには注意が必要です。また、日本語未対応のフォントでは [Vertical alternates] の項目は出てきません。「Noto Sans JP」などを使用しましょう。

フォントを追加する

フォントの追加は、ブラウザ版とデスクトップアプリ版でやり方が異なります。フォントの追加方法はLESSON 04を参照してください。

画像の挿入

Figmaに画像を取り込むときはドラッグ&ドロップが便利です。また、Figmaでは画像も塗りの一種として捉えられるため、シェイプレイヤーに画像を貼り付けることができます。

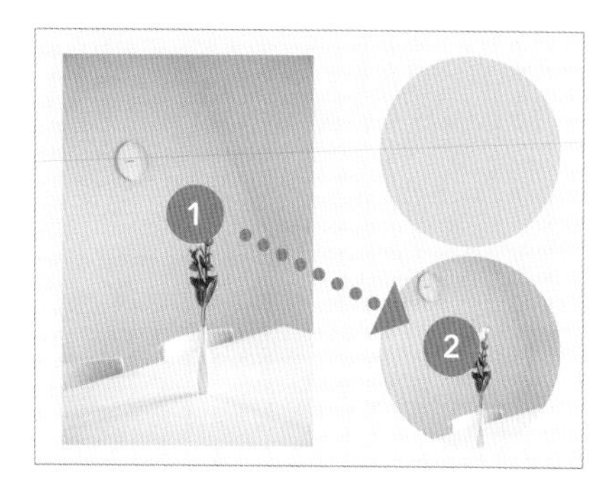

画像を選択し、Macの場合は[command]+[option]+[C]を(❶)、Windowsの場合は[Ctrl]+[Shift]+[C]でコピーします。❷貼り付けたいシェイプを選択して、コピーした画像を貼り付けます。便利かつ、よく使う操作方法なので覚えておきましょう。

画像のスタイル一覧

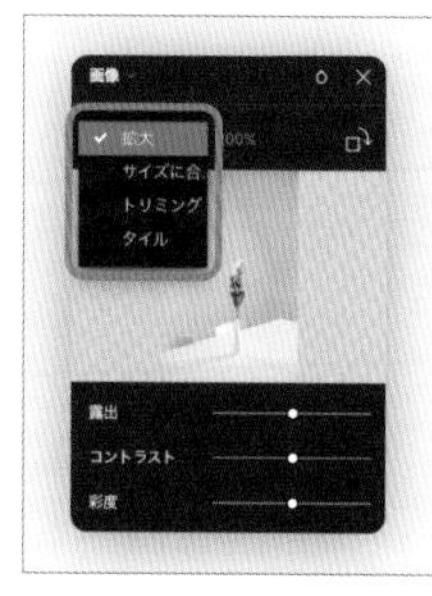

拡大

サイズに合わせる

トリミング

タイル

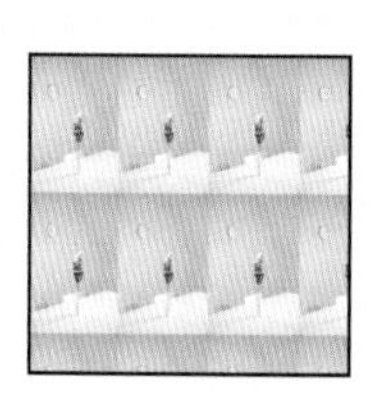

名前	内容
拡大	画像のアスペクト比を保持したまま、 フレームの大きさに合わせて拡大します。
サイズに合わせる	画像がフレームに収まるように拡大または縮小します。 画像全体がフレームに収まるため、 空白が発生する場合があります。
トリミング	画像を任意の位置でフレームの大きさでトリミングできます。
タイル	画像がフレーム内で繰り返し配置されます。

トリミングのショートカット

トリミングにはショートカットがあります。Macの場合は command を、Windowsの場合は Ctrl を押しながら画像のサイズを変更すると、自動でトリミングモードに切り替わります。瞬時に特定の場所で切り抜きたいときに便利です。

画像の色調の変更

Figmaでは画像の色調変更ができます。画像をダブルクリック、もしくはデザインタブの[塗り]に表示されている画像のサムネイル部分をクリックすると画像パネルが表示され、画像の色調変更が可能です。前のページで紹介した画像のスタイル（拡大／サイズに合わせる／トリミング／タイル）も、画像パネルから変更できます。

変更できるものは「露出」「コントラスト」「彩度」「温度」「濃淡」「ハイライト」「シャドウ」の7種類です。それぞれ以下のように変更されます。

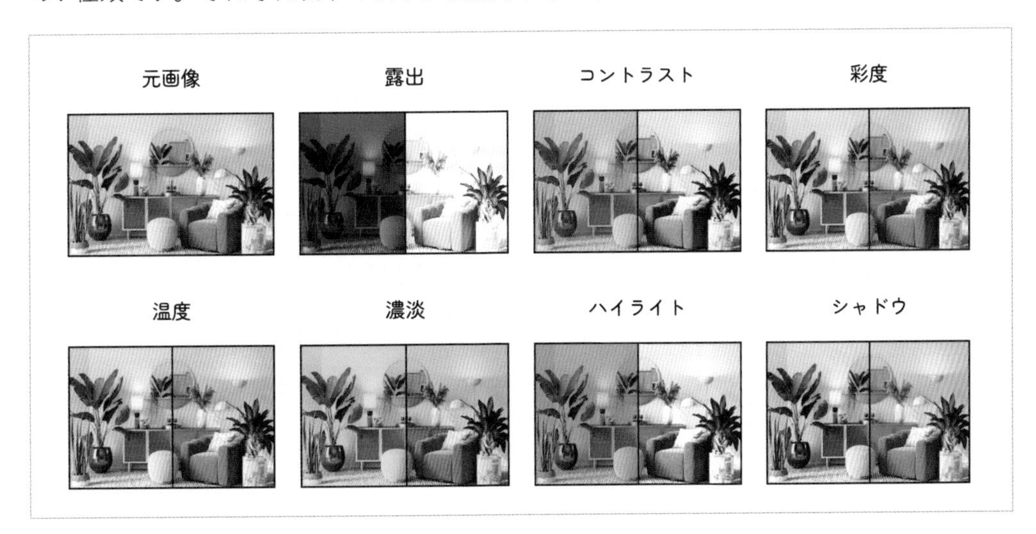

塗りの設定

［塗り］はテキストやオブジェクトの色を変更するときに使用します。デザインタブの［塗り］（以下の画面の右側）に表示されている色をクリックすると、左側にあるようなカラーパネルが表示されます。

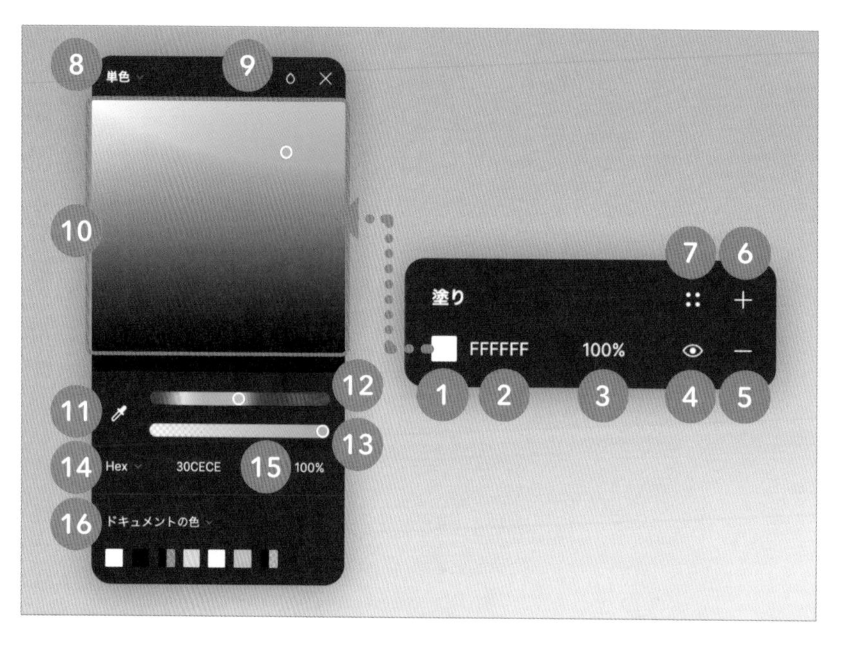

番号	名前	内容
1	カラーサムネイル	色のプレビューが表示されており、クリックするとカラーパネルが開きます。
2	色のHEX値	HEX値が表示されています。 値を入力して色を変更することもできます。
3	不透明度	不透明度の調整ができます。
4	表示設定	表示・非表示の設定ができます。
5	削除	色レイヤーを削除できます。

❻	追加	色レイヤーを追加できます。
❼	色スタイル	色スタイルのパネルが開きます。
❽	塗りのスタイル	単色／線形／放射状／円錐形／ひし形／画像／動画の7種類から選択できます。
❾	ブレンドモード	配下のオブジェクトに対する色の取り扱い方を選択できます。
❿	カラーパレット	白い円をドラッグして色を調整できます。
⓫	スポイトツール	デザイン内の任意の部分から色を取得して適用できます。
⓬	色相調整バー	色相を選択するためのバーです。バーをスライドすることで、デザイン要素の色相を調整できます。
⓭	不透明度調整バー	不透明度を選択するためのバーです。バーをスライドすることで、デザイン要素の不透明度を調整できます。
⓮	カラーモデル	HEX／RGB／CSS／HSL／HSBの5つのカラーモデルを選択できます。
⓯	不透明度	不透明度の調整ができます。
⓰	ドキュメントの色	現在のドキュメント内で使用されているすべての色を表示するパネルです。

塗りのスタイルの種類

Figmaでは、[塗り]のスタイルとして「単色」「線形」「放射状」「円錐形」「ひし形」「画像」「動画」の7種類が用意されています。動画は有料プラン限定のスタイルです。

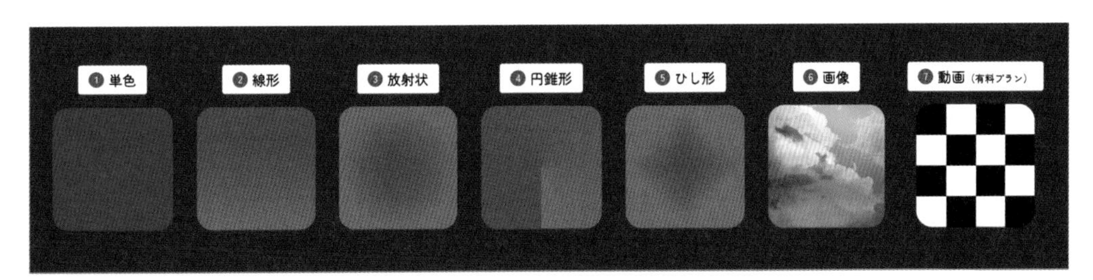

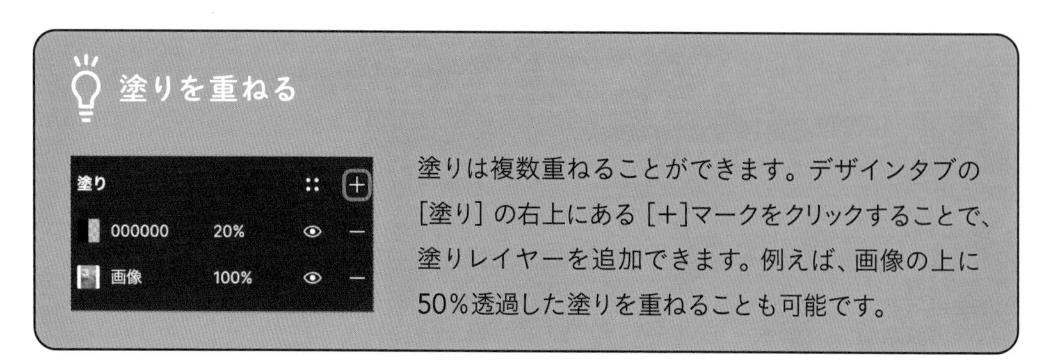

塗りを重ねる

塗りは複数重ねることができます。デザインタブの［塗り］の右上にある［+］マークをクリックすることで、塗りレイヤーを追加できます。例えば、画像の上に50%透過した塗りを重ねることも可能です。

線を引く

デザインタブの［線］では、テキストやオブジェクトに枠線を付けたり、太さやスタイルを調整したりできます。

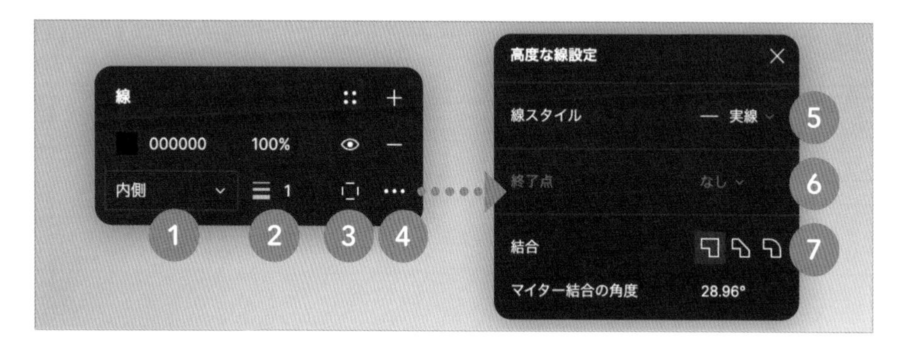

番号	名前	内容
❶	線の位置	線を配置する位置を内側／中央／外側から選択できます。
❷	太さ	線の太さを指定できます。
❸	各端の線	線を引く辺を指定できます。種類は、すべて／上／下／左／右／カスタムから選択できます。
❹	線の詳細設定	より詳細な線の設定をする高度な線設定パネルが表示されます。

❺	線スタイル	線のスタイルを実線／破線／カスタムから選択できます。
❻	終了点	終了点の形状を選択できます。
❼	結合	パスの交差点の形状を決定します。マイター／ベベル／丸形から選択できます。マイターは鋭角、ベベルは角が切り落とされた形状、丸形は円形を作ります。

エフェクトをかける

Figmaには、以下の図のようにあらかじめ4つのエフェクト機能が用意されています。エフェクトはデザインパネルの［エフェクト］から設定します。

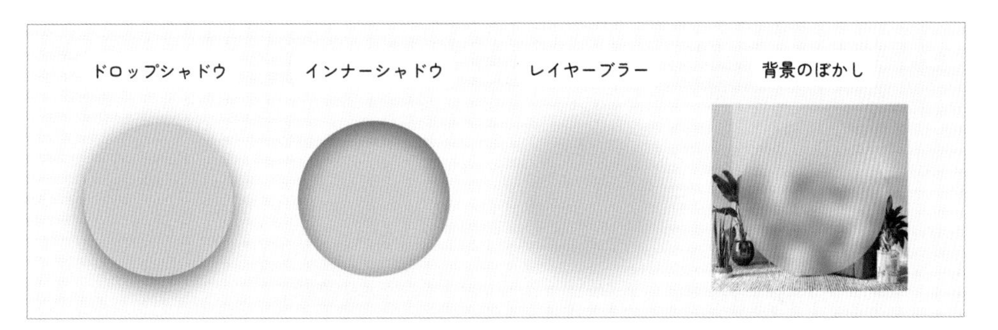

名前	内容
ドロップシャドウ	オブジェクトの下に影を作成します。 影の色 ／ぼかしの度合い／広がり／影の位置（X軸とY軸のオフセット）をカスタマイズできます。
インナーシャドウ	オブジェクトの内側に影を作成します。ドロップシャドウと同様に色 ／ぼかしの度合い／広がり／オフセットをカスタマイズできますが、 影はオブジェクトの内側にのみ表示されます。
レイヤーブラー	オブジェクト全体をぼかします。ぼかしの度合いを調節することもできます。
背景のぼかし	オブジェクトの背後にある要素をぼかします。レイヤーではなく、レイヤーの塗りを透過させる必要があります。

応用的な編集機能

ここまで基本的な機能を解説しましたが、以降は応用的な機能として「ブーリアングループ」と「レイヤーのブレンド」を紹介します。どちらも使い方を覚えておくとグラフィック表現の幅が広がります。

ブーリアングループの設定

ブーリアングループは複数のオブジェクトを組み合わせて、新しい形状を作成するためのツールです。以下のようにツールバーから設定し、4種類の効果があります。

名前	内容
選択範囲の結合	重なった2つのオブジェクトを1つに合体させます。
選択範囲の型抜き	上に重なっているオブジェクトで下のオブジェクトを切り抜きます。
選択範囲の交差	重なっている部分が残ります。
選択範囲の中マド	重なっている部分が切り抜かれます。

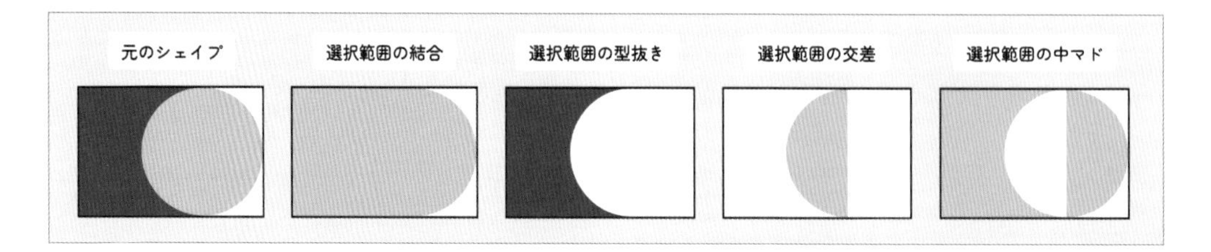

ブーリアングループの編集と解除

ブーリアングループの効果を適用した後でも、ダブルクリックすると結合元のレイヤーが表示されます。これにより、調整したいオブジェクトのレイヤーを選択して編集することが可能です。

ブーリアングループを解除するには、結合されたレイヤーを選択してMacの場合は Shift + command + G、Windowsの場合は Shift + Ctrl + G でグループ解除すると、ブーリアングループの効果も解除されます。

レイヤーのブレンド

レイヤーのブレンドは、2つのレイヤーをブレンドさせる機能です。レイヤーを選択すると、デザインタブのレイヤーパネルに［パススルー］という項目が表示されます。そのプルダウンの中からブレンドが可能で、写真の色味に変化を与えたり、写真同士を合成したりとさまざまな使い方ができます。ブレンドは全部で以下の17種類から選べます。

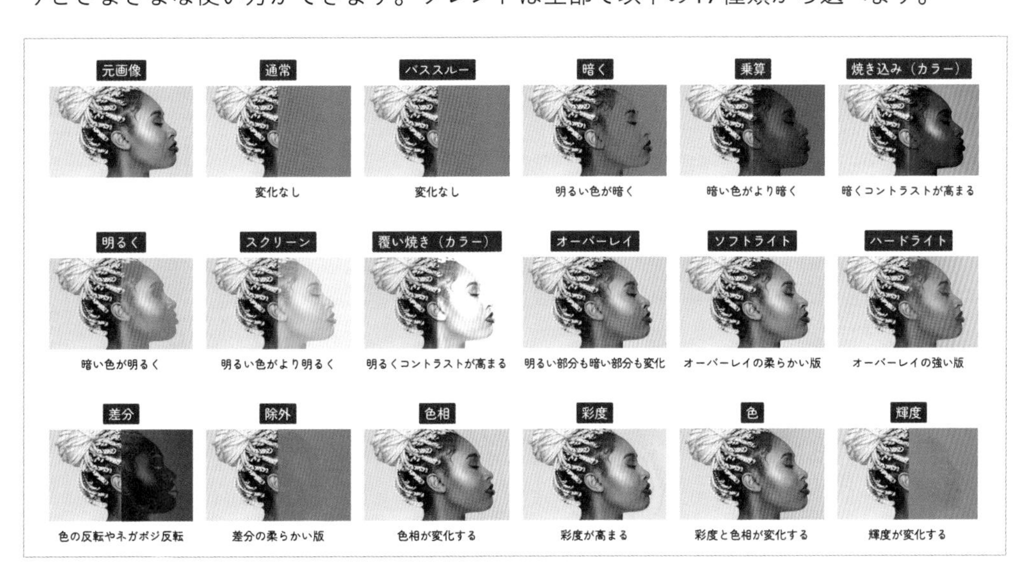

基礎編

LESSON 11

Figmaの便利な機能を学ぶ

#コンポーネント
#オートレイアウト
#グリッド

前のレッスンでFigmaの基本的な機能を解説しました。このレッスンでは使えると便利な機能を紹介します。

コンポーネントの作成

コンポーネントは再利用可能なパーツを作成する機能です。一貫したデザインや操作性でWebサイトやアプリを提供するための仕組みであるデザインシステムの作成や、統一されたユーザーインターフェースの設計など、さまざまな用途で使用できます。作業効率を左右する非常に重要な機能なので、理解して使えるようにしましょう。

コンポーネントの使い方

コンポーネントを設定するには、パーツを選択し、以下のような画面上部中央の4つのひし形マークをクリックするとコンポーネント化できます。メインコンポーネントにはレイヤーパネルで❖マークが付きます。

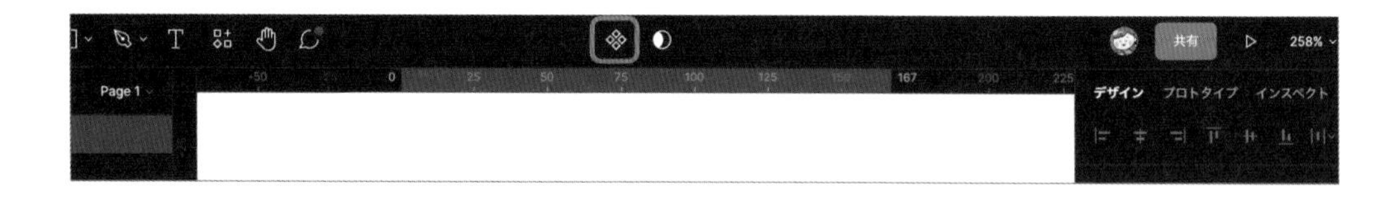

メインコンポーネントから複製して派生させたパーツを「インスタンス」といいます。インスタンスは子パーツのようなもので、メインコンポーネントに変更を加えると、インスタンスにも反映されます。しかし、インスタンスに変更を加えても、メインコンポーネントには反映されません。

メインコンポーネントに変更を加えた場合と、インスタンスに変更を加えた場合の挙動を図示すると図表11-1、11-2のようになります。

図表11-1 メインコンポーネントに変更を加えた場合の挙動

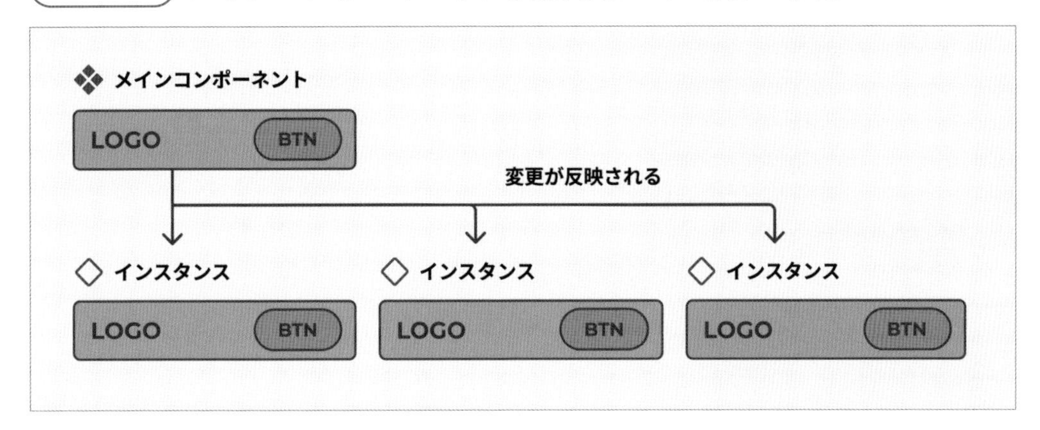

図表11-2 インスタンスに変更を加えた場合の挙動

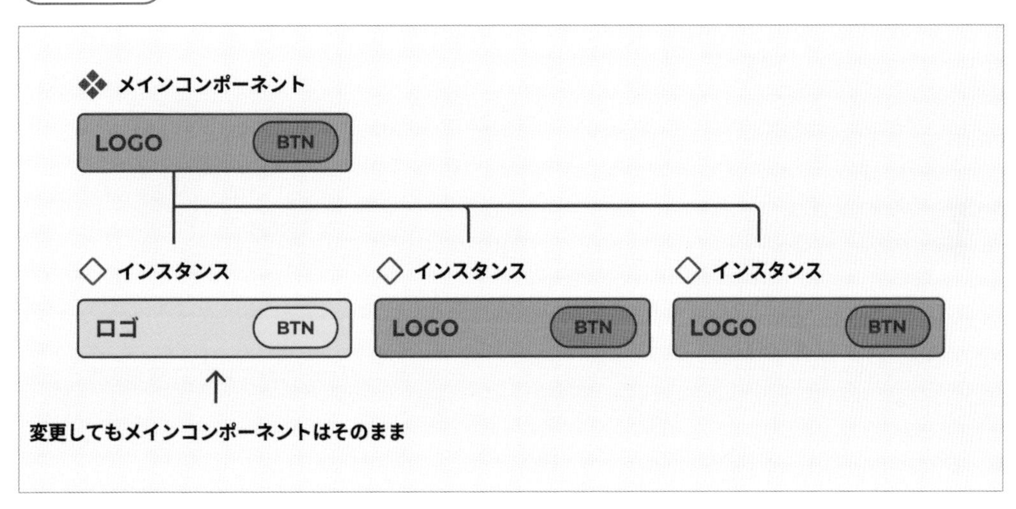

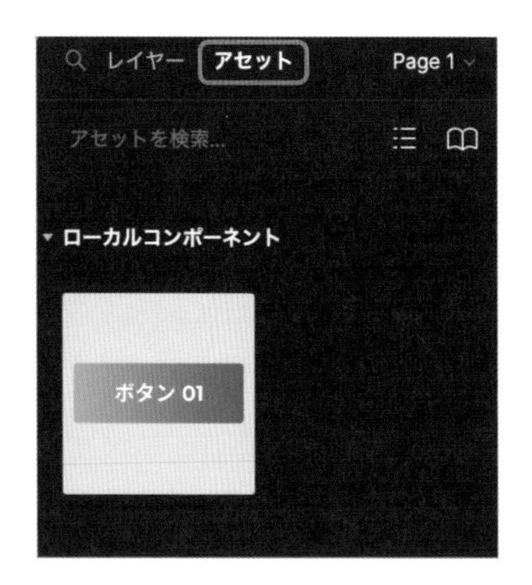

コンポーネントを作成した後、左サイドバーのアセットタブを開くと、左の画面のように作成したコンポーネントの一覧を確認できます。

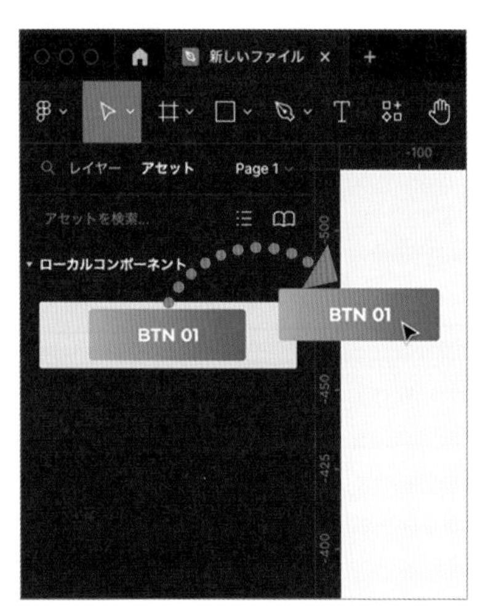

インスタンスを作成するには、メインコンポーネントをコピーするか、アセットタブからキャンバスにドラッグ＆ドロップします。作成されたインスタンスには、以下の画面のようにレイヤーパネルのインスタンス名に◇マークが付きます。

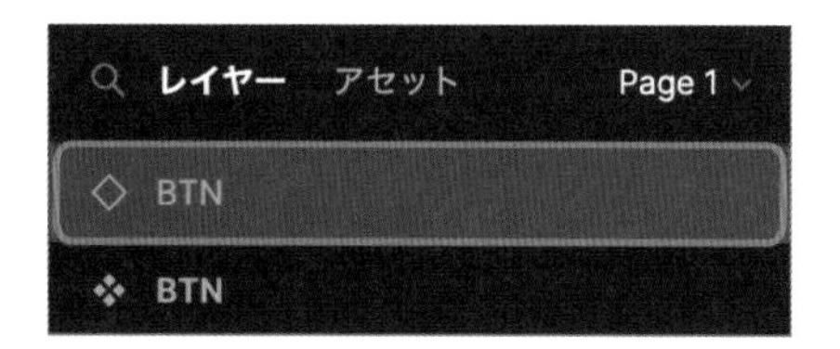

インスタンスのオーバーライド

Figmaではインスタンスの上書きができます。これをオーバーライドといいます。オーバーライドではテキスト、塗り（画像も含む）、線、エフェクトを上書きできます。ただし、オーバーライドした部分はメインコンポーネントを変更しても変更が反映されなくなるので注意しましょう。

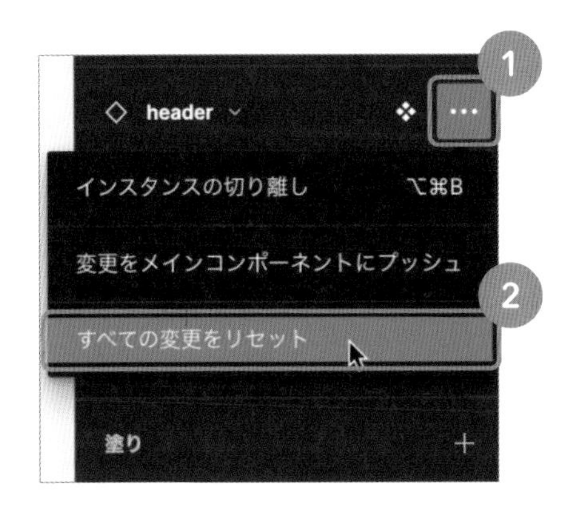

変更を加えたインスタンスに対し、元のスタイルに戻す場合はパーツを選択して、❶インスタンスオプション（[…]）から❷［すべての変更をリセット］を選択します。

コンポーネントのプロパティ機能

コンポーネントの応用的な使い方であるプロパティ機能については、実践編で解説しています。バリアントはCHAPTER 06、プロパティはCHAPTER 10を参照してください。

オートレイアウトの設定

オートレイアウトとは、デザイン要素の配置や整列、間隔調整を自動化する機能です。効率的にレスポンシブなデザインを作成したい場面で非常に役立ちます。

具体的には、次のページの図のように、ボタンのテキストを変更した場合でも、ボタン自体がテキストの長さに合わせて自動的にリサイズされます。また、リストアイテムを追加または削除すると、リスト全体が自動的に再配置・再整列されます。

オートレイアウトを設定するには、整列させたい要素をすべて選択した後、右クリックして［オートレイアウトの追加］を選択します。オートレイアウトはShift＋Aでも設定できます。また、オートレイアウトを設定したオブジェクトを選択すると、デザインタブの［オートレイアウト］で次のページのような設定が可能になります。

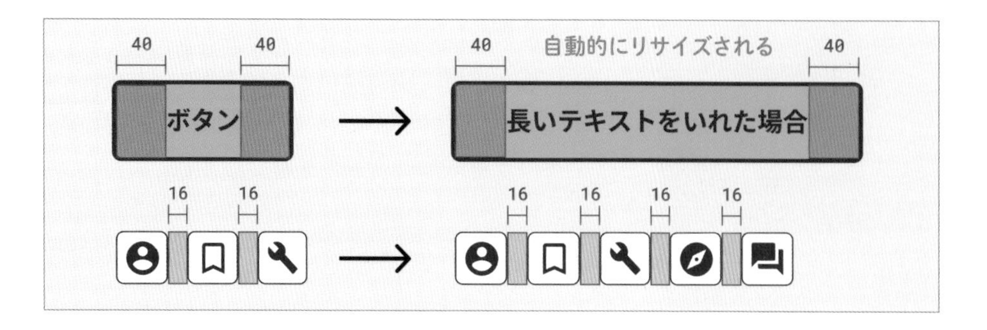

オートレイアウトパネルで設定できる項目

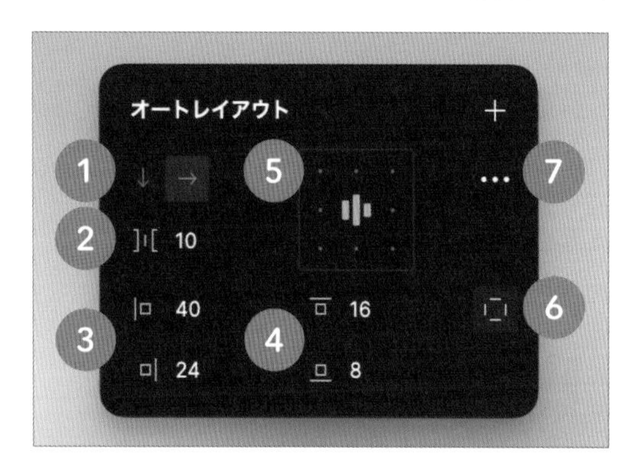

番号	種類	内容
1	配置方向	アイテムを並べる方向を縦または横から選択できます。
2	アイテムの間隔	アイテムの間隔を指定できます。
3	水平パディング	親コンテナの左右の端とアイテム間の空白を指定できます。
4	垂直パディング	親コンテナの上下の端とアイテム間の空白を指定できます。
5	揃え位置	アイテムがコンテナ内でどのようにそろえられるかを選択できます。
6	パディング（個別）	上下左右の余白を個別に指定できます（次のページを参照）。
7	オートレイアウトの詳細設定	間隔設定モードの変更など、詳細なレイアウトを設定できるパネルが開きます。

パディングの調整

パディングとは、親フレーム（外側のフレーム）とアイテム間の余白です。以下の画面のように外側のフレームのサイズを変更しても、ロゴやボタンからなるアイテムとのパディングは一定の大きさに保たれます。数値を指定することで、上下左右それぞれに余白を設定できます。デフォルトでは左右／上下で同じ数値になるように入力欄が一緒になっていますが、前のページにある❻［パディング（個別）］ボタンをクリックすると、上下左右の余白を個別に設定することができます。

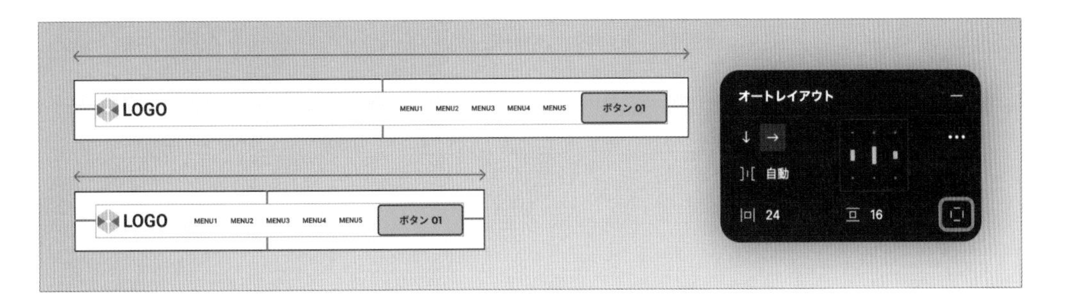

アイテムの間隔と方向の設定

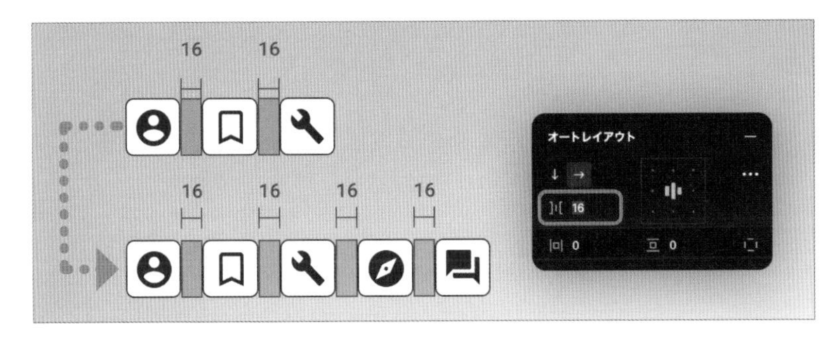

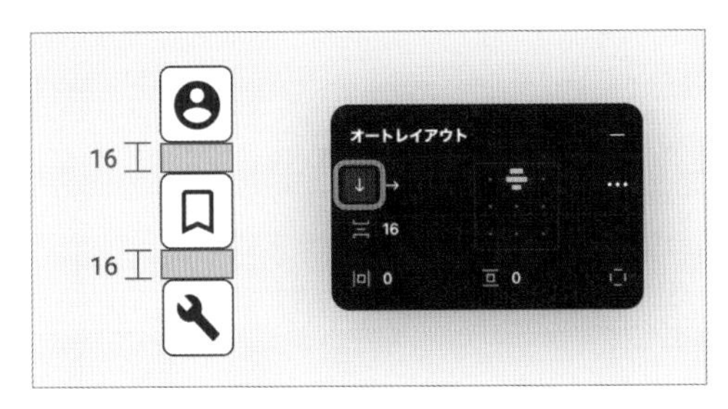

［アイテムの間隔］では、上の画面のようにアイテムを追加・削除しても、指定した数値の間隔を保ったまま自動配置するように設定できます。また、左の画面のようにアイテムを縦に並べることも可能です。

そろえの位置の変更

オートレイアウトでは、アイテムのそろえ位置を指定できます。そろえの位置を変更することで、以下の画面のように配置が変化します。

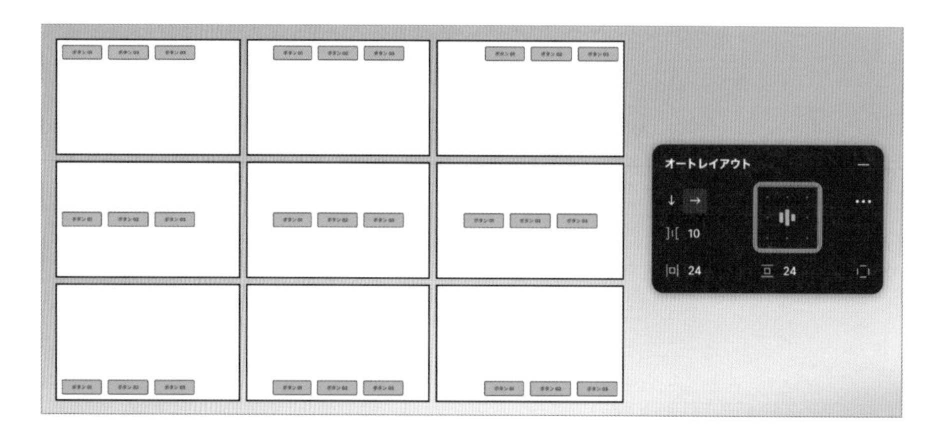

サイズの調整

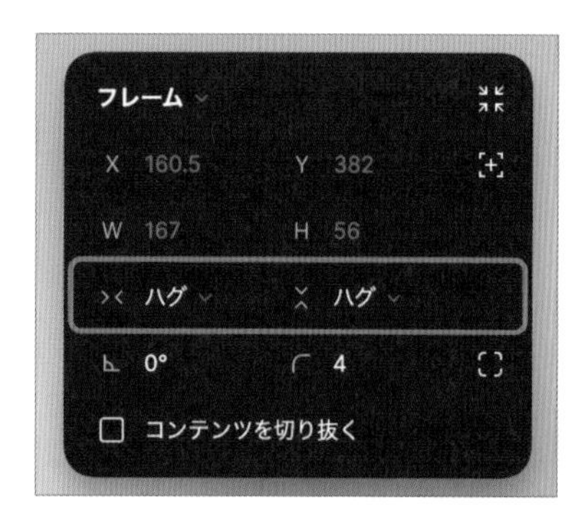

オートレイアウトを設定した要素では、デザインタブのフレームパネルに左の画面のようなサイズを調整する項目が表示されます。設定できる項目は以下の通りで、それぞれ次のページの図のような見た目で表示されます。この機能を使えば、レスポンシブ対応に強いデザインの作成が可能です。

名前	内容
固定値	高さ、もしくは幅を数値で固定します。
コンテンツをハグ	中身のアイテムのサイズによってコンテナのサイズも変化します。
コンテナに合わせて拡大	要素はその親のコンテナに合わせて自動的に拡大・縮小します。

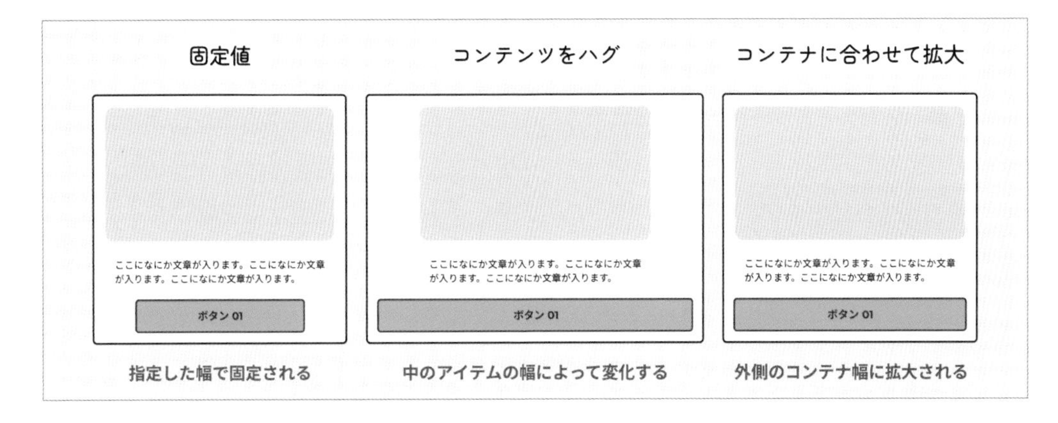

間隔設定モードの種類

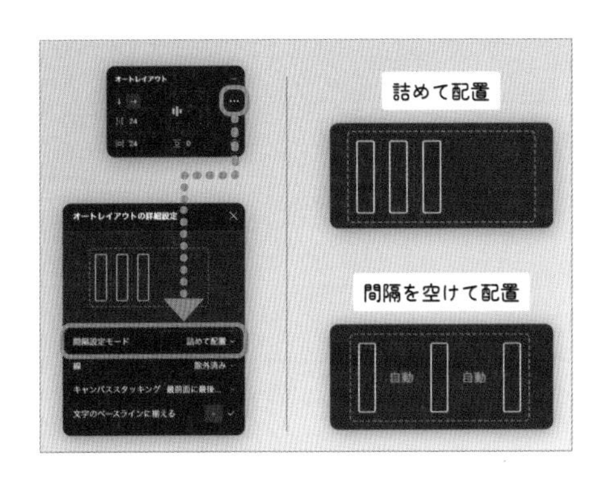

オートレイアウトの間隔設定モードは2種類あります。P.070の❼［オートレイアウトの詳細設定］から選択できます。以下の図では、［詰めて配置］と［間隔を空けて配置］で設定した場合のアイテムの見え方を表しています。

名前	内容
詰めて配置	アイテムを指定した間隔値に合わせて詰めて配置します。
間隔を空けて配置	コンテナサイズいっぱいになるように、均等に間隔を空けてアイテムを配置します。

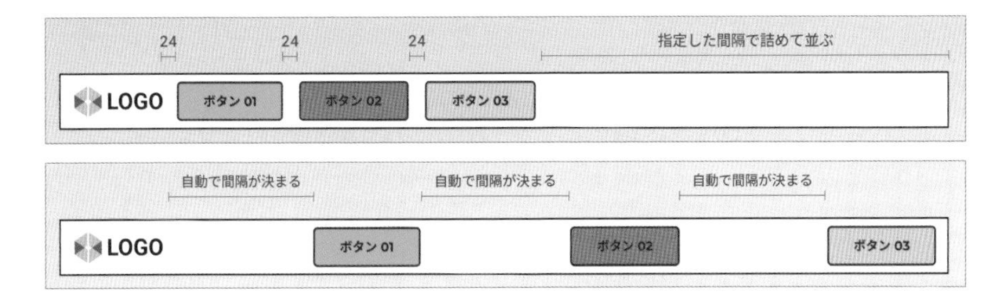

制約でオブジェクトを固定

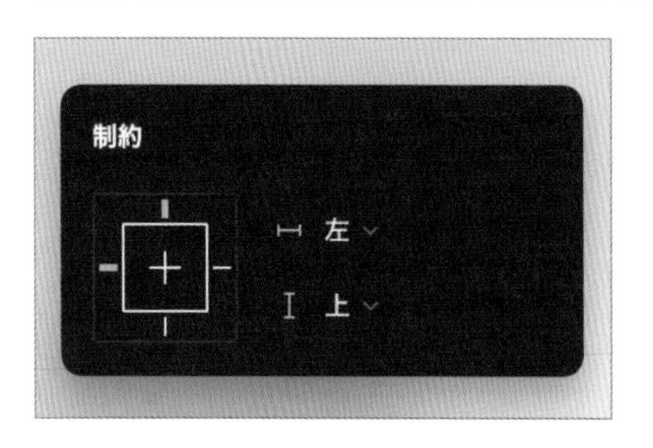

デザインタブから設定できる［制約］は、オブジェクトのサイズや位置を親フレームに対して相対的に固定できる機能です。これにより、デザインがレスポンシブで適切に拡大・縮小されるようになります。制約のオプションには以下のような種類があります。

種類	内容
左／右	オブジェクトは親フレームの左端（または右端）に固定されます。
上／下	オブジェクトは親フレームの上端（または下端）に固定されます。
左右／上下	オブジェクトの親フレームに対する左右（または上下）の余白値を固定したままサイズが変更されます。
中央	オブジェクトは親フレームの中央に固定されます。
拡大縮小	親フレームが変更されると、オブジェクトも比例してサイズが変更されます。

制約ではさまざまな設定ができますが、一例は以下のようになります。

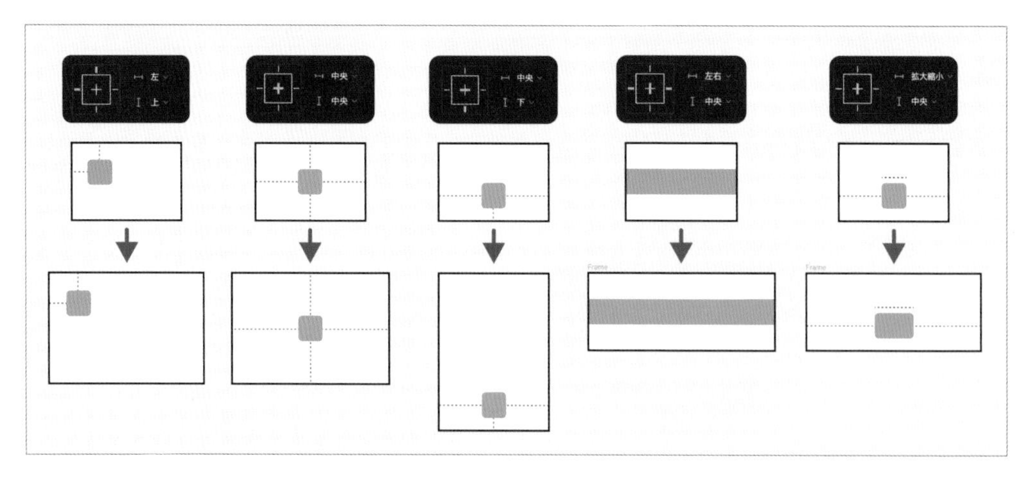

スタイルの登録

Figmaでは色、テキスト、エフェクト、グリッドの情報を「スタイル」という機能を使って登録できます。デザインを行う前に、カラーパレットなどを作成して登録すると、作業中や修正作業の手間を少なくできるほか、一貫したデザインを作成する手助けになります。

色スタイルの登録

色スタイルを登録する

登録したい色のオブジェクトを選択した状態で、デザインタブの❶［塗り］にあるスタイルボタンをクリックします。色スタイルパネルが開くので、右上にある❷［+］をクリックしましょう。

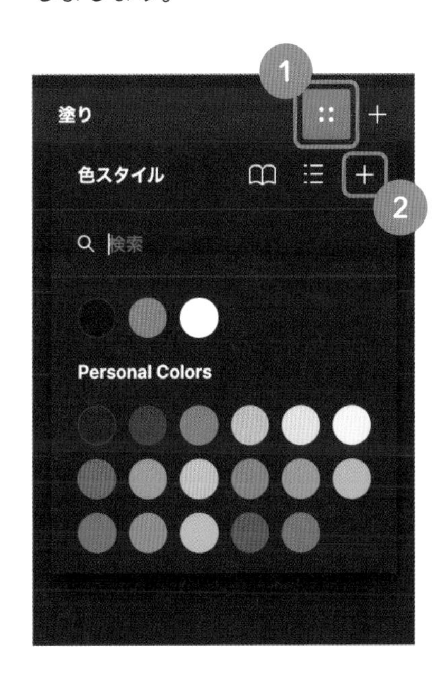

そうすると、登録用のパネルが開くので、名前と説明を記入します。名前と説明は記入しなくても登録は可能ですが、チームで作業を行う場合、色を使用する状況について説明も加えると便利です。

オブジェクトの選択をすべて外した状態にすると、右サイドバーに登録されているスタイル一覧が表示されます。色スタイルを削除したい場合は、削除したい項目にカーソルを合わせて右クリックし、［1個のスタイルを削除］を選択することで削除できます。

色スタイルを使用する

色スタイルを使う場合は、スタイルボタンをクリックして［色スタイル］を開き、反映させたい色を選択します。［塗り］に表示されている色サムネイルをクリックすると、他の色スタイルに変更できます。色スタイルは線にも適用できます。

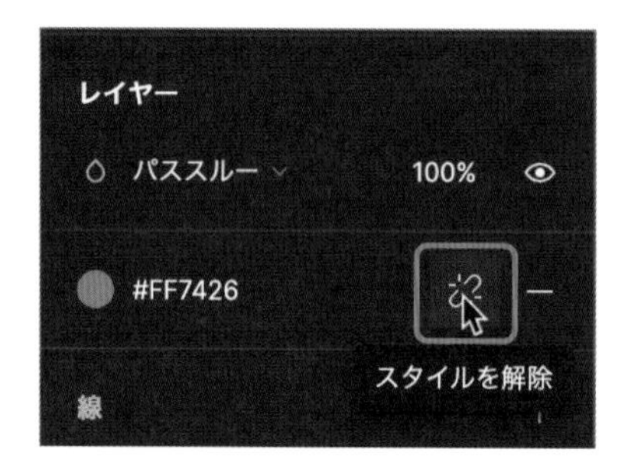

色スタイルの適用を外すには、左の画面のように［スタイルを解除］をクリックします。［スタイルを解除］は、塗りまたは線の色スタイルにカーソルを合わせると表示されます。

色スタイルを編集する

色スタイルを編集するには、変更したいスタイルにカーソルを合わせて左の画面のように［スタイルを編集］をクリックします。

編集パネルが開き、名前や説明の編集、そして色の変更ができます。色を変更すると、同じ色スタイルが適用されているパーツの色がすべて置き換わります。

テキストスタイルの登録

色スタイルと同じく、テキストもスタイルの登録が可能です。基本的な操作は色スタイルと同じです。ただし、テキストスタイルの場合、フォントの種類、サイズ、太さ、行間、文字間隔、段落間隔といった詳細な設定も一緒に保存される点に注意してください。

テキストスタイルを登録する

登録したいテキストを選択し、テキストパネルにある❶スタイルボタンをクリックします。そうすると、テキストスタイルのパネルが開くので、右上にある❷［＋］をクリックしましょう。後は色スタイルと同様に、❸名前や説明を記入して❹［スタイルの作成］をクリックすることで、スタイルを登録できます。

スタイル登録の階層分け

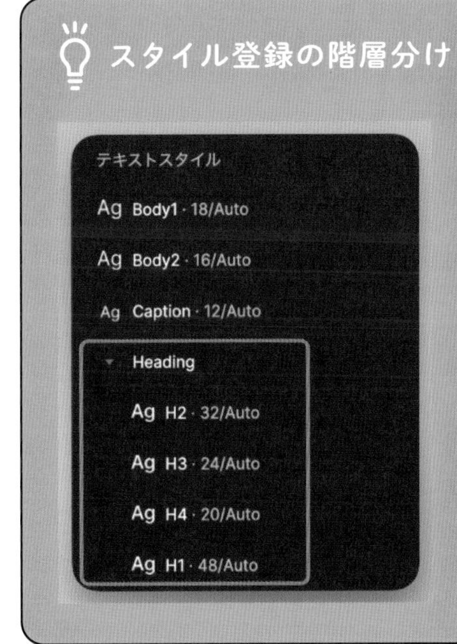

スタイルの登録では名前に「/」を付けることで、フォルダのように階層を分けられます。例えば、「Heading/H1」や「Heading/H2」という名前を付けた場合、左の画面のようにHeadingという階層の下にH1とH2というスタイルが格納されます。スタイルの種類を分けて整理したいときに便利です。

その他のスタイルの登録

色とテキスト以外にも、エフェクトとレイアウトグリッドもスタイルとして登録できます。登録方法や使い方は色スタイル・テキストスタイルと同じです。

レイアウトグリッドの表示

レイアウトグリッドは、レイアウト作業をサポートするためのガイドを作成する機能です。フレームツールでフレームを作成すると、デザインタブに［レイアウトグリッド］が表示されます。ここで［+］をクリックすると、以下の3種類のレイアウトグリッドをフレームに追加できます。

レイアウトグリッドの種類

名前	内容
グリッド	マス目状のガイドラインです。
列	縦に分割したガイドラインです。
行	横に分割したガイドラインです。

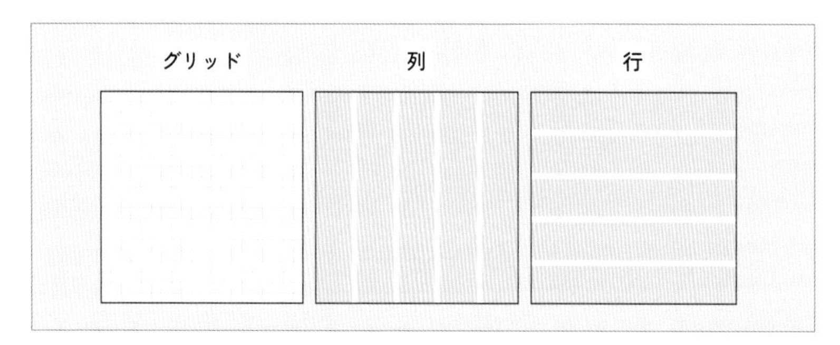

列・行の構成要素

レイアウトグリッドの列と行は、以下のように3つの構成要素でできています。

番号	名前	内容
1	カラム（列）／ロウ（行）	デザインレイアウトの基本単位を指します。例えば、12カラムグリッドの場合、画面全体を12等分した各部分がカラムとなります。ロウも同様の概念で、横方向に等分された領域を指します。要素の配置や整列、バランスを保つために使用されます。
2	余白	カラムまたはロウと、画面端との間のスペースを指します。
3	ガター	カラムとカラム、またはロウとロウの間のスペースを指します。要素が互いに近すぎて干渉し合うのを防ぐためにあり、視覚的な区切りを作ります。

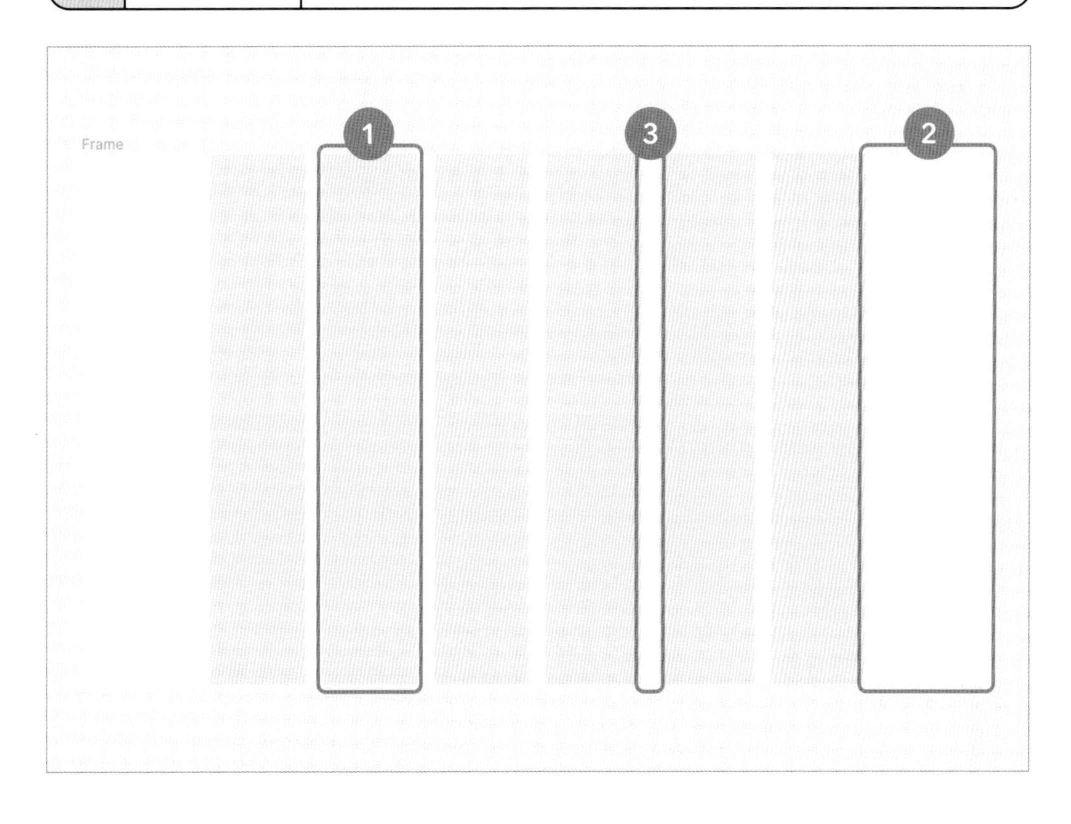

レイアウトグリッドパネルの設定

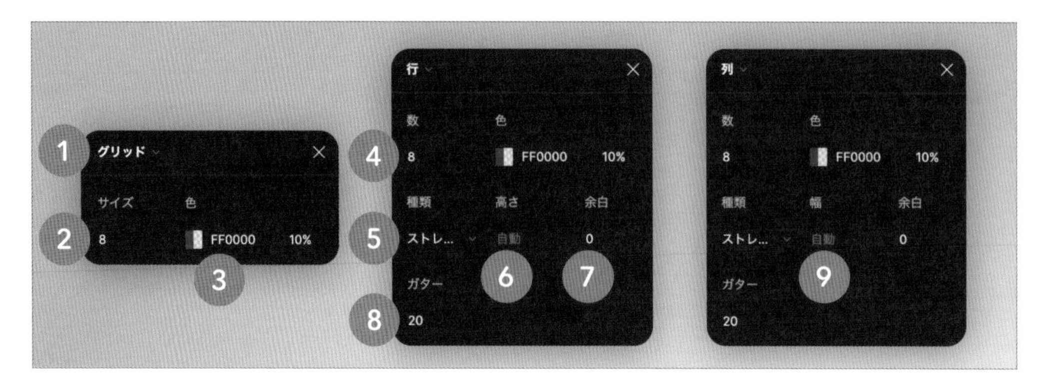

番号	名前	内容
❶	タイプ	グリッド／列／行の指定ができます。
❷	サイズ	グリッドのマス目のサイズを指定できます。
❸	色	グリッドに使用する色を指定できます。不透明度を調整することも可能です。
❹	数	列・行の数を指定できます。自動に設定することも可能です。
❺	配置の種類	行と列の開始位置を指定できます。次のページも参照してください。 行の場合：左揃え／右揃え／中央揃え／ストレッチ（自動設定） 列の場合：上揃え／下揃え／中央揃え／ストレッチ（自動設定）
❻	高さ	ロウの高さを指定できます。ストレッチの場合は自動になります。
❼	余白／オフセット	❺をストレッチに設定している場合は余白を、それ以外の設定の場合はオフセットを指定できます。 余白：　　列の場合は左右両端の余白を指定できます。行の場合は上下両端の余白を指定できます。 オフセット：グリッドが始まるまでの余白を指定できます。
❽	ガター	カラム間、またはロウ間の余白を指定できます。
❾	幅	カラムの幅を指定できます。ストレッチの場合は自動になります。

配置の種類

レイアウトグリッドが列の場合、前のページの❺配置の種類を設定した結果は以下のようになります。

左揃え　右揃え　中央揃え　ストレッチ

名前	内容
左揃え	左端から配置されます。
右揃え	右端から配置されます。
中央揃え	中央から配置されます。
ストレッチ	自動的にフレーム幅に調整されます。

バージョンの管理

Figmaにはバージョン管理機能があります。過去のバージョンに戻したいときや、過去の変更履歴を確認したいときに使用します。無料プランの場合は過去30日間の履歴を、プロフェッショナルプラン以上の場合は無制限に履歴を保存します。

バージョン管理の使い方

バージョン管理を使用するには、オブジェクトを何も選択していない状態にしたうえで、次のページの画面のようにファイル名の横にある［v］をクリックします（❶）。そうするとメニューが表示されるので、［バージョン履歴を表示］を選択します（❷）。

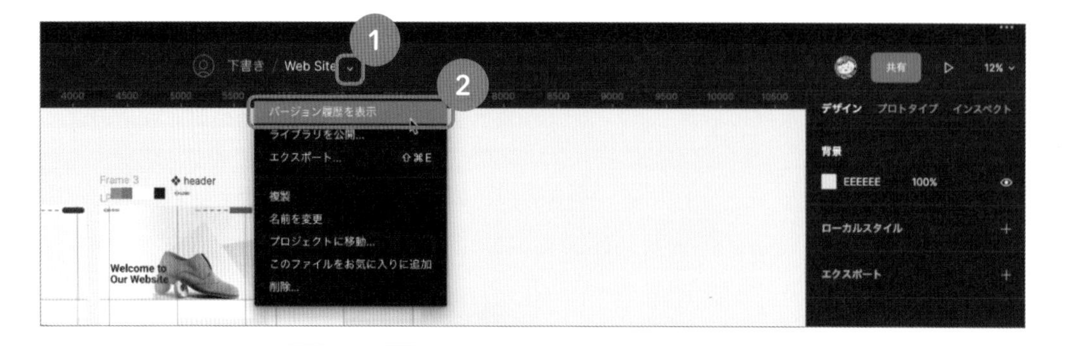

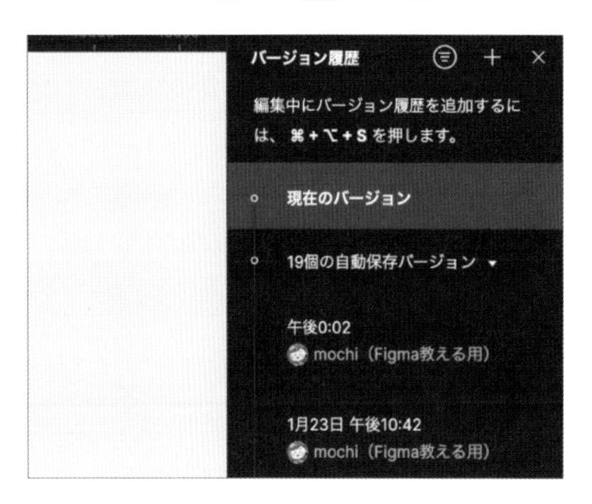

［バージョン履歴を表示］をクリックすると、左の画面のように右サイドバーにバージョン履歴の一覧が表示されます。変更を加えた日時のほか、ユーザー名も表示されます。

過去のバージョンをクリックすると、キャンバスにそのバージョンのデータが表示されます。表示されたデータに戻したいときは、[...] をクリックして［このバージョンを復元］を選択しましょう。キャンバスが過去のバージョンに切り替わるので、問題なければツールバーの左上にある［完了］をクリックします。

選択範囲の色の表示

Figmaには、選択した範囲に使用されている色を一覧で表示する便利な機能があります。使いこなせると、かなり作業効率がよくなるので覚えたい機能の1つです。選択範囲の色は、レイヤーを選択すると、次のページの画面にある右サイドバーのデザインタブに表示されます（❶）。

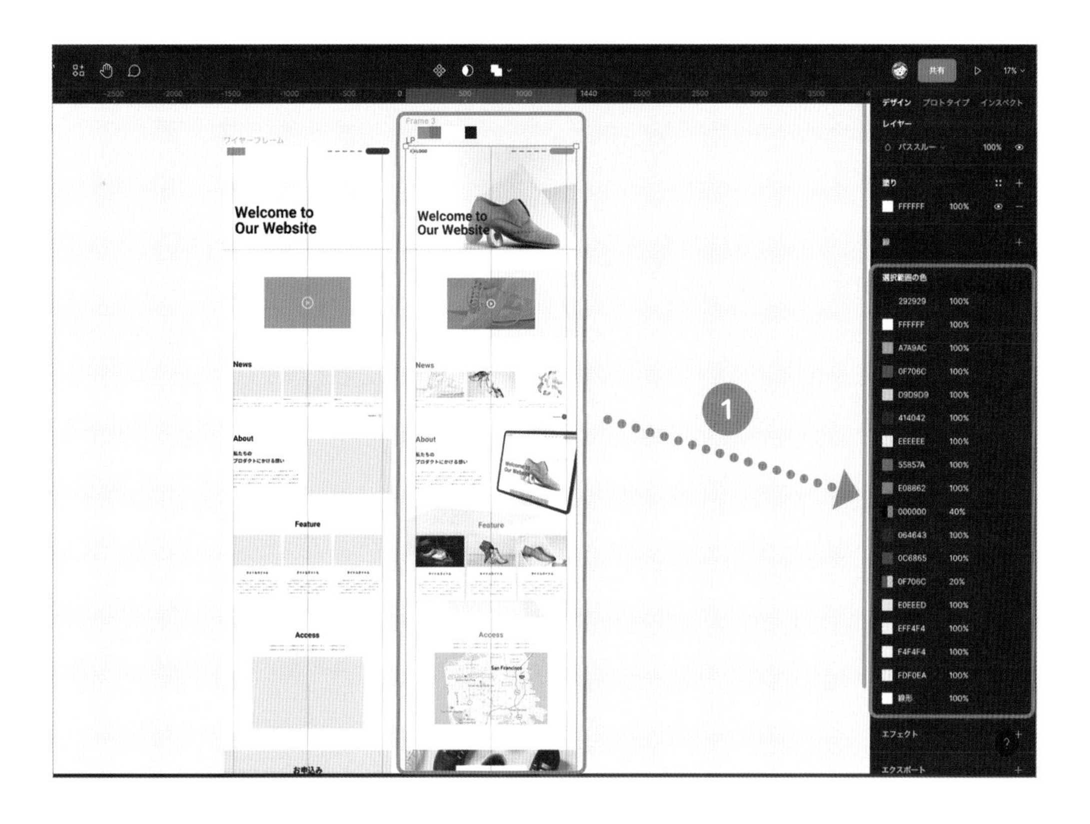

色が使われているレイヤーを一括選択する

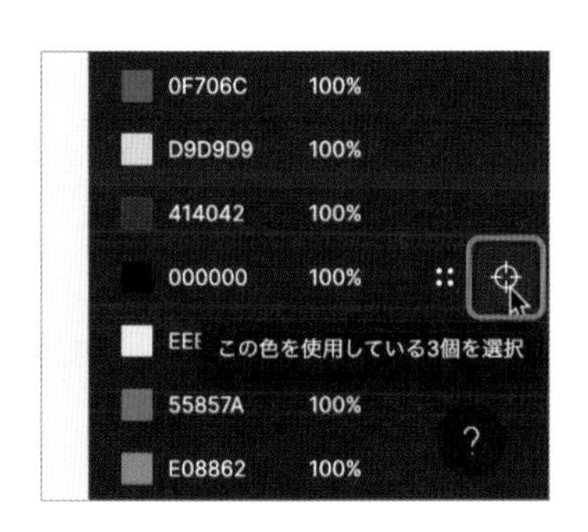

左の画面のように、デザインタブの［選択範囲の色］で確認したい色にカーソルを合わせて、右側に表示されるターゲットマークをクリックすると、その色が使用されているレイヤーを一括選択できます。どの要素に、その色が使われているか確認したい場合に使用します。

選択範囲の色から色を変更する

［選択範囲の色］から変えたい色を直接変更できます。また、色スタイルを適用することも可能です。色を一括変更したい場合に便利な機能なので、覚えておきましょう。

COLUMN 02

もちがTwitterを始めたきっかけ、そして得たもの

私はTwitterを４年ほど前から始めました。当時、会社の中でも同じことの繰り返しで、新しい学びがない状況を挑戦的なものに変えられないか、とモヤモヤした日々を送っていました。あるとき、会社の外側に成長を求めればいいじゃないかと気づき、Twitterで発信することを決めたのです。「１万フォロワーになるまでは何があっても辞めないぞ！」と固く決意してから始めました。今思えば、この固い決意がとても大事でした。

始めた当初は、１人フォロワーが増えるだけで「やった〜！」と歓喜し、次の日にはフォロワーが減って「なんで〜？！」と深く悲しみ……。ときには炎上しかけたり、辛辣な引用ツイートに傷ついたりしたこともありました。忙しかったけど、充実した日々でした。メンタルを鍛え、発信内容を試行錯誤し、時間はかかったけどなんとか１万フォロワーを達成できました。その結果、自分でも想像していなかった変化がたくさん起きました。

まず、自分自身に起きた変化。１万フォロワーを目指す過程で継続力、企画力、分析力、ライティング力、自己分析力など、多くのスキルが鍛えられました。発信の精度を上げるためには、「どんな情報が求められているのか？」「見せ方をどうしたら響くだろう？」といったさまざまな方向から常に思考し、内容を作る必要があります。その作業は本当にいい修行でした。

次に、自分の周りに起きた変化。Twitterを通じて仕事の依頼が激増しただけでなく、仕事の幅も広がりました。ウェビナーへの登壇や、オンラインスクールのメンター業、メディアに掲載するインタビュー依頼、教育コンテンツの制作、本書の執筆もです。

たくさんの出会いにも恵まれました。普通に仕事をしているだけでは、絶対に出会えなかったような素敵な人たちと出会えました。フォロワーの方からも「真似してデザインしてみました！」「もちさんのデザイン好きです！」と言ってもらえたことが本当にすごく嬉しかったです。この場を借りて感謝します。みなさん、本当にありがとうございます。

私と同じように成長意欲が強い人は、SNSを頑張ってみるのもありですよ。達成したその先に、びっくりするような未来が待ってることは、私が保証します！

基礎編

CHAPTER 03

Figmaで共同作業を行う

Figmaには「ファイルの共有」「チームライブラリ」など、チームで使いやすい機能がそろっています。

基礎編

LESSON 12

ファイルを共有する

#共有
#編集データ
#プロトタイプ

Figmaではファイルを共有する際、オンラインでファイルを共有できるので、チーム全体の生産性が向上します。

Figmaでは、リンクを発行することで編集データであるデザインファイルを簡単に共有できます。共有したリンクから閲覧するファイルは、常に最新の状態に同期されています。

編集データを共有する

編集データを共有するには、以下の画面のように共有したいファイルをFigmaで開き、画面右上にある［共有］をクリックして共有設定パネルを開きます。

共有設定パネルの各項目の名前と内容

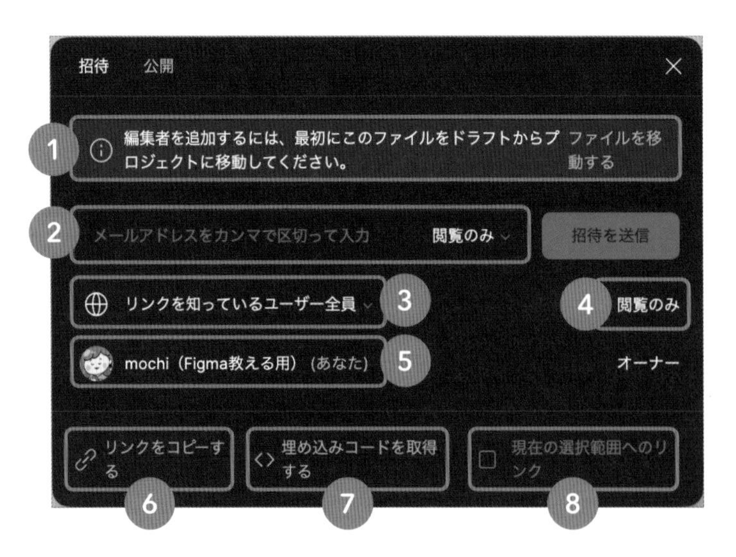

共有設定パネルに表示される各項目について見ていきましょう。

番号	名前	内容
1	編集権限の追加に関する注意書き	無料プランの場合、下書きファイルには自分以外の編集者を追加できないので、注意書きが表示されます。編集者を招待する場合は［ファイルを移動する］をクリックしてファイルを移動します。
2	メールアドレスの入力欄	メールアドレスで共有する場合に、共有したいユーザーのメールアドレスを入力します。権限は閲覧のみ／編集可から選べますが、下書きファイルの場合は閲覧のみしか選択できません。
3	ファイルの閲覧権限の設定	以下の3種類の設定が選べます。 ● リンクを知っているユーザー全員 ● リンクとパスワードを知っているユーザー全員（プロフェッショナルプラン以上） ● このファイルに招待されたユーザーのみ
4	権限設定	下書きファイルの場合は閲覧のみしか表示されません。チームプロジェクトのファイルの場合、閲覧のみ／編集可の2つから選べます。
5	自分のアカウントと権限	自分のアカウントと権限が表示されています。
6	リンクのコピー	共有用のリンクがコピーできます。
7	埋め込みコードの取得	iframeを使った埋め込みコードを発行できます。
8	フレームへのリンク	チェックを付けると、フレームへのリンク機能が使用できます。フレームリンクとはキャンバス内の特定のフレームへ飛ばすリンクを発行する機能です。

プロトタイプを共有する

Figmaでは編集データのほか、プロトタイプのリンクも共有できます。プロトタイプは共有しても編集できないため、編集データを触られたくない場合や、実際の環境でデザインをチェックしてもらいたい場合に適しています。プロトタイプを共有するには、共有したいファイルをFigmaで開き、次のページの画面のようにツールバーの右上にある再生ボタンをクリックして、プレゼンテーションを実行します。

再生ボタンをクリックすると、プレゼンテーションタブが新しく表示されます。以下の画面のようにプレゼンテーションタブの右上にある［プロトタイプを共有］をクリックして共有設定パネルを開きましょう。

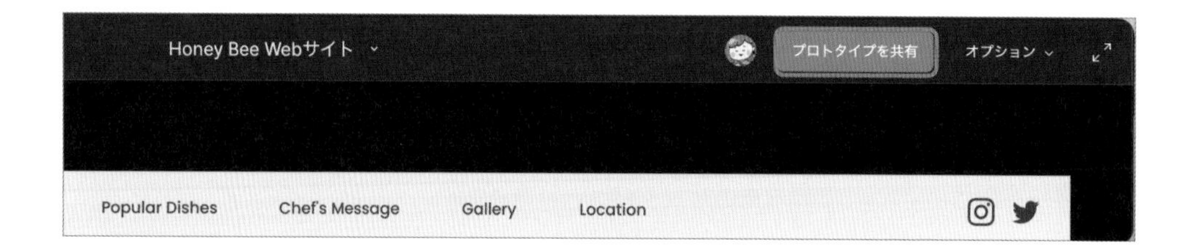

共有設定パネルを開いたら、編集データの共有と同じように共有設定を行いましょう。メールアドレスを入力して招待するか、共有リンクをコピーして送ります。

プロトタイプの共有では、フレームへのリンク機能はありませんが、共有リンクをコピーすると、表示している画面へのリンクになります。特定の画面を見せたい場合は、その画面を表示した状態で共有リンクをコピーしましょう。

LESSON 13

共同作業に便利な機能を知る

#共同編集
#コメント

チームでの作業を快適に進めるためにコメント機能などを活用しましょう。

コメント機能

コメント機能は、デザイン画面内でフィードバックやコミュニケーションを行うためのツールです。デザイン上にコメントを追加・表示でき、デザインの改善や問題点をリアルタイムで共有できます。

コメントを追加する

コメントを追加するには、ツールバーの［コメントの追加］（吹き出しマーク）をクリックします。ショートカットキーはMac、WindowsともにⒸです。

コメントモードになったら、コメントしたい箇所をクリックしましょう。ドラッグすると範囲の指定が可能です。その後、入力欄にコメントを入力します。以下の画面のように、顔のアイコンから絵文字を使うこともできます。

コメントを入力できたら、入力欄の青い矢印ボタン、または Enter でコメントを投稿しましょう。コメントを投稿すると、アカウントのアイコンが付いたマークが表示されます。アカウントマークにカーソルを合わせると、コメントが表示されます。

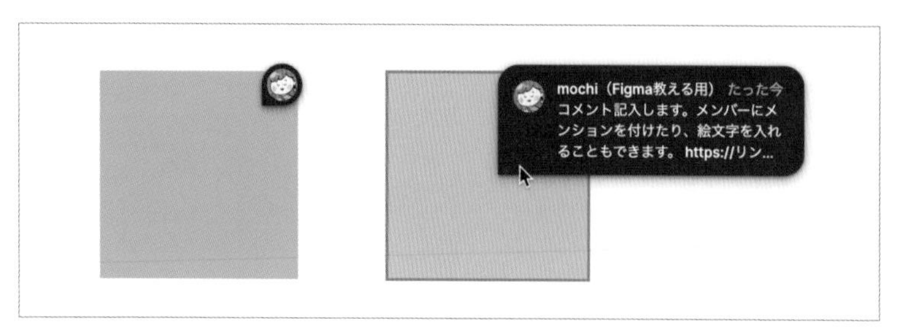

コメントでは、メンバーにメンションすることもできます。入力欄の下部にある@マークをクリックするか、直接「@」を入力することでメンバーリストが表示されます。メンションしたいメンバーを選択しましょう。

コメントに返信する

コメントに返信するには、コメントをクリックして詳細を表示します。右サイドパネルから返信したいコメントをクリックすることでも操作できます。以下の画面のように[返信]という入力欄が表示されます。

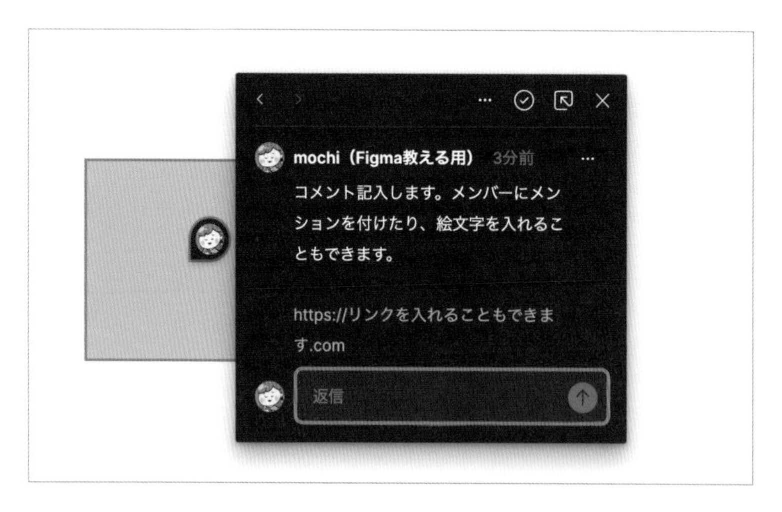

メッセージでの返信のほか、次ページの画面のようにスタンプでリアクションすることもできます。コメントにカーソルを合わせると、表示される顔のアイコンから絵文字を選択

できます。こちらは簡易的に返事をしたい場合に便利な機能です。

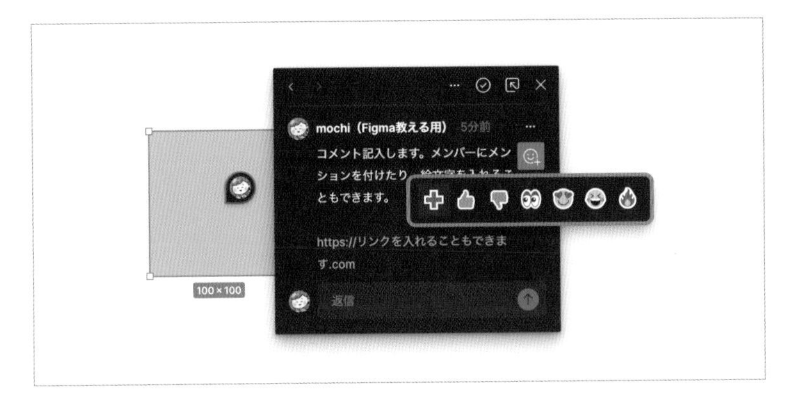

コメントパネルを表示する

ツールバーの［コメントの追加］をクリックしてコメントモードにすると、右サイドバーがコメントパネルになります。ここからコメントを一覧で確認できます。

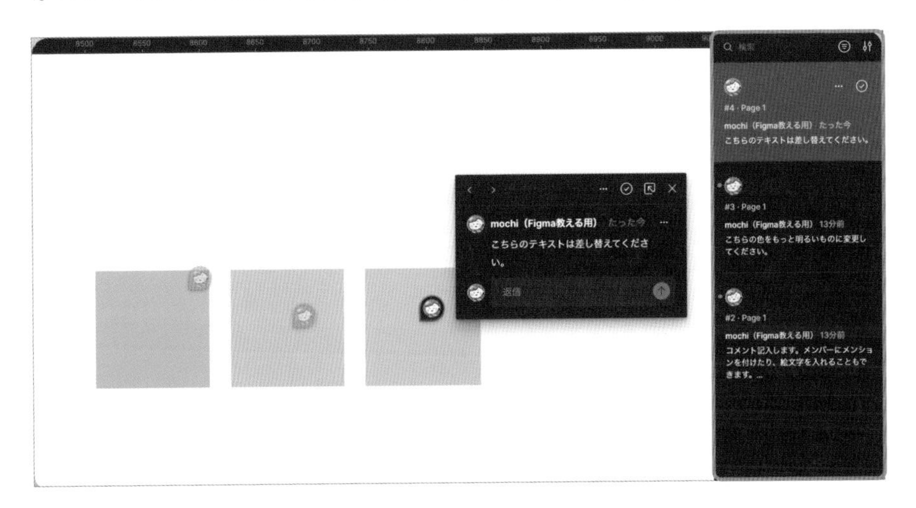

コメントを編集する

コメントを編集するには、次のページの画面のように自分が入力したコメントの横にある❶［…］をクリックしましょう。❷［編集］が表示されるので、そこからコメントを編集できます。

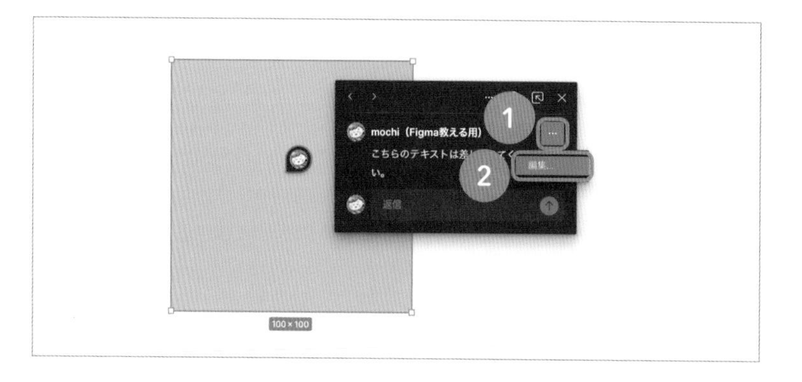

コメントを未読にする／リンクをコピーする／削除する

コメントパネルでコメントを選択した際に表示される❶［…］から、❷［未読にする］［リンクをコピー］［スレッドを削除］という3つのアクションが行えます。

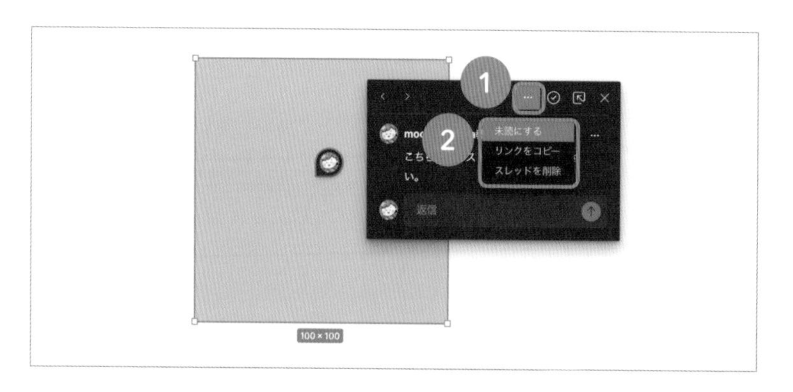

コメントを解決済みにする

左の画面のようにコメントの右上のチェックマークをクリックすると、コメントを解決済みにできます。解決済みになったコメントは見えなくなります。解決済みのコメントを再表示するには、右サイドバーの［並べ替え／フィルター］から［解決済みコメントを表示］を選択しましょう。

プロトタイプへのコメントも可能

編集データ、プロトタイプ（プレゼンテーションモード）は、どちらでもコメント機能を使うことができます。記入したコメントはどちらにも反映されます。クライアントにはプロトタイプで確認・コメントを依頼し、自分は編集データからコメントを確認するという使い分けも可能です。

コメント以外のコミュニケーション機能

Figmaには、ここまでに紹介したコメント機能以外にも、複数人での共同作業に便利なコミュニケーション機能が用意されています。チームでの作業をより効率的に、かつ楽しく進めるために活用してください。

カーソルチャットをする

キャンバス上で「/」を入力すると、カーソルの横に吹き出しが表示されます。この吹き出しに文字を入力することで、同時にファイルを閲覧しているメンバーとキャンバス上で簡易的にチャットできます。作業しているメンバーを見つけたら、以下のように「お疲れさま！」と声をかけてみましょう。

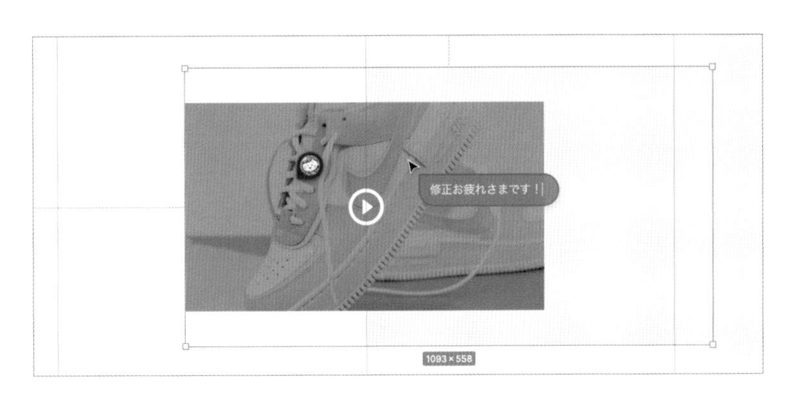

音声通話をする

プロフェッショナル以上の有料プランでは、以下のヘッドホンアイコンから音声通話の機能が利用できます。これは、同じファイル上にいるメンバーとFigmaだけで音声通話できる機能です。複数メンバーでデザインの議論をするときや、デザインの解説をするときに活用しましょう。

自分にスポットライトを当てる

スポットライトとは、同時にファイルを閲覧しているメンバーに対して、オンライン会議の画面共有と同じように、自分が見ている画面を同期させる機能です。

以下のように❶Figmaの画面右上のアカウントのアイコンをクリックします。そして❷［自分にスポットライトを当てる］というボタンをクリックすると、リアルタイムで同じファイルを閲覧しているメンバーに対して、スポットライト参加への通知が届きます。拒否されなければ数秒後に同期が開始されます。

他のメンバーの画面と同期する

他のメンバーのアイコンをクリックすることで、そのメンバーの画面と同期することも可能です。一緒に作業するメンバーの数が増えると、他のメンバーがどこを見ながら話しているのか分からなくなってしまうことがあるので、そのようなときに使ってみてください。

基礎編

LESSON 14

#チームライブラリ
#ライブラリ

チームライブラリを学ぶ

ユーザー間で共有できるチームライブラリを用いて、一貫性のあるデザインを目指してみましょう。

チームライブラリは、デザインリソースをチームメンバー間で共有できる機能です。共有できるものについては、コンポーネント、カラースタイル、テキストスタイルなどを含み、チーム全体で一貫性のあるデザインを効率的に作成・管理できます。

ライブラリの使用方法

ライブラリを使用するには、まずは登録するスタイルとコンポーネントを準備しましょう。スタイルでは以下の画面のように、名前を付ける際に「/」を入れることでグルーピングできます。コンポーネントとスタイルの登録方法はLESSON 11を参照してください。

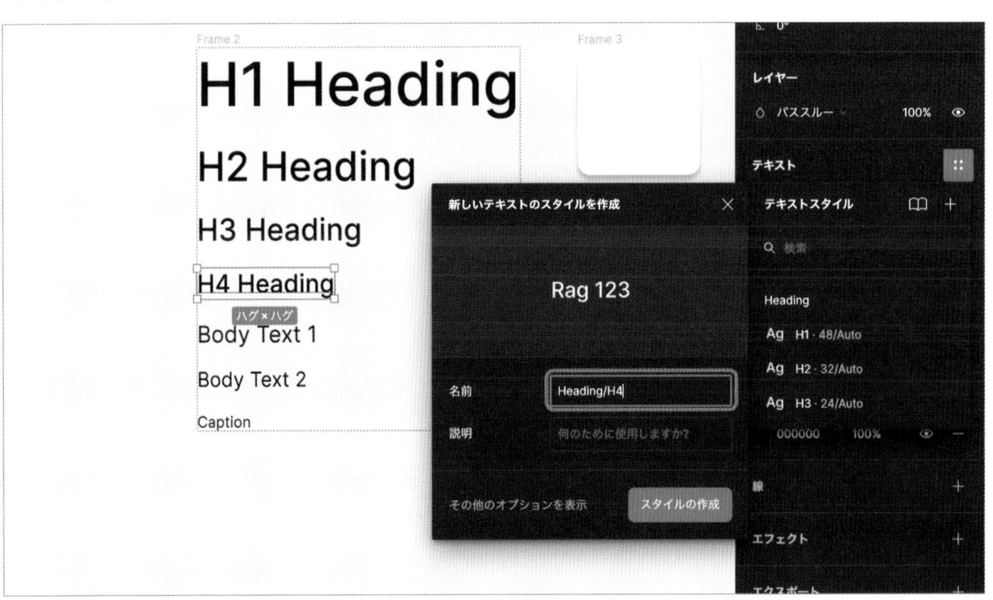

スタイルやコンポーネントを登録したら、❶左サイドバーのアセットタブを開き、❷［チームライブラリ］（本の形のアイコン）をクリックしてチームライブラリのパネルを表示します。

チームライブラリでは、ファイル名がそのままライブラリ名になるので、ファイル名を分かりやすい名前に変更しておきましょう。準備ができたら以下の画面のように［公開］をクリックします。

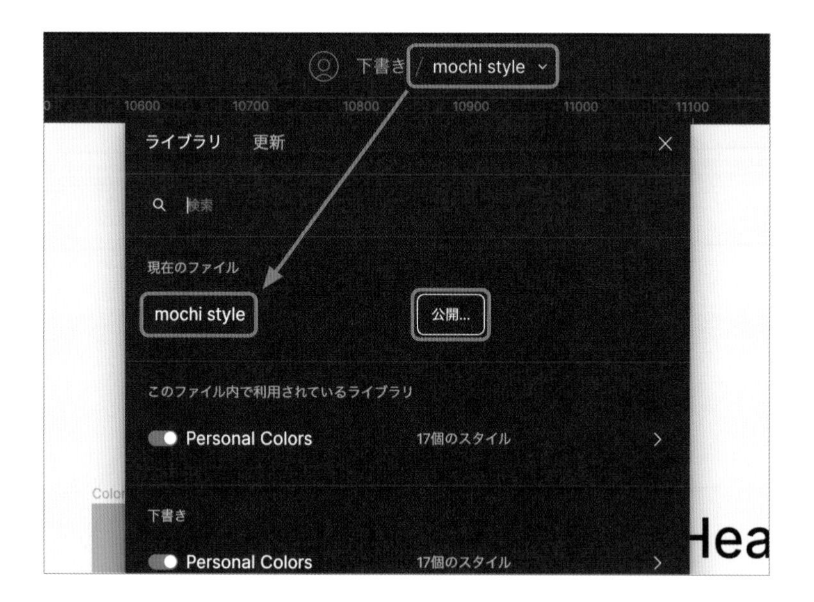

これでライブラリが公開されました。他のファイルでライブラリを使用する場合は、次のページの画面のようにアセットタブから［チームライブラリ］をクリックして、ライブラリパネルを開きます。上の画面で公開したライブラリが表示されているので、スイッチをオンにします。

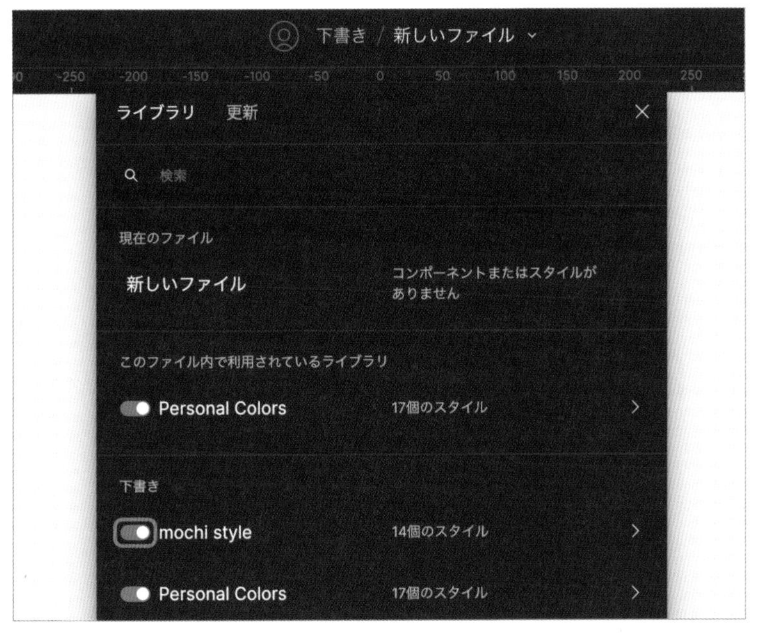

これで、新しいファイルでも登録したスタイルが使えるようになりました。

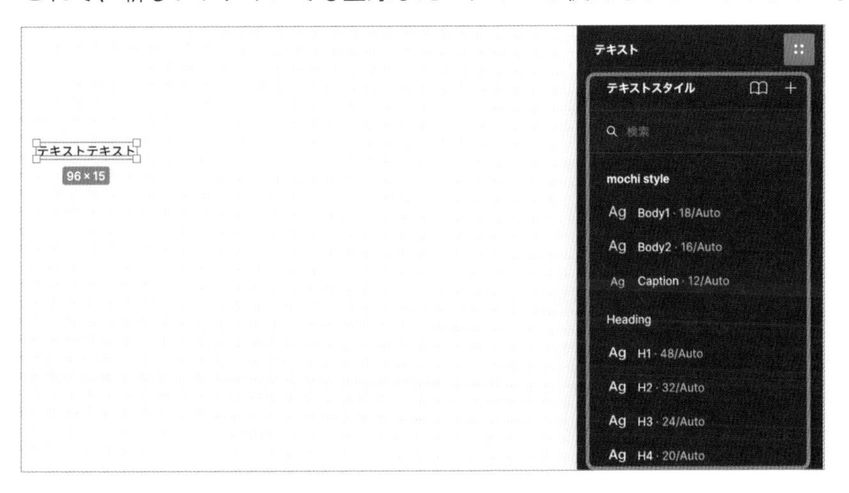

チームライブラリの内容に変更を加えた場合、公開時と同じ操作をすることでライブラリを更新できます。更新後、ライブラリを使用しているファイルを開くと、画面右下にライブラリを更新する通知が表示されるので、更新ボタンをクリックすれば最新の状態に同期されます。

COLUMN 03

もち、AIとの付き合い方を考える

AIが急速に生活に溶け込んでいく今日この頃。毎日のようにデザイン系のAIツールが誕生し、今ではAIが作った画像はほとんど本物と見分けがつかないし、テキストを入れるだけでWebサイトが一瞬で作成できると謳っているツールもあります。私のもとにも「デザイナーの仕事がAIに奪われるのでは？」という心配の声が多く届いています。

しかし、少なくとも当分の間は、デザイナーの仕事がなくなることはないと考えています。その理由はAIに対して適切な指示が出せる人、アウトプットを適切に評価できる人が必要であり、その役割を果たすのがデザイナーだと思うからです。確かにAIを使えば誰でもデザインを作れますが、題材に対して緻密に設計されたデザインとは明らかに差があります。デザイナーがAIを活用しながら自分で設計部分まで手掛けたデザインと、それ以外の人がAIを活用して作成したデザインでは、その価値に大きな違いが出るはずです。

一方で、今後AIを使いこなせる人とそうでない人の間では、効率性や成果に大きな差が生まれるでしょう。私はすでにリサーチや情報整理、ビジュアルのアイデア出しなどでAIを活用しています。実際に使ってみて、AIはデザイナーにとって最強のアシスタントになる可能性があると確信しました。そのため、デザイナーとして生き残っていくには、AIを使いこなすスキルが必須になっていくでしょう。

そこで気になるのが「AIを使いこなすために何を学ぶべきか？」という問題です。私なりの考えですが、それは「デザインの原理原則」と「思考力」でしょう。デザインの原理原則は、レイアウトの基本や配色の理論、タイポグラフィーなどを指しています。デザインの本質的な部分を深く理解することで、AIが生成した結果を的確に評価する力が身につきます。思考力は、ものごとや情報を整理して深く理解し、それをもとに問題解決や意思決定を行うための能力です。これには論理的思考や多面的思考、批判的思考、仮説思考などが含まれ、AIに対して適切に指示を与える力がつくでしょう。

ただ、今後AIがどのように進化していくのかは見当がつきません。3カ月後にはまったく違う世界になるかもしれません。将来的にはデザイナーという職業がなくなる可能性もあるでしょう。しかし、AIを敵視したり無視したりしても、よい結果は生まれません。AIとの共存が避けられないのであれば、まずは変化を受け入れて、変化を楽しみましょう！

基礎編

CHAPTER 04

Figmaで使える
リソースを知る

作業を効率化するリソースである「プラグイン」「ファイル」
「ウィジェット」について見ていきましょう。

基礎編

LESSON 15

#リソース
#プラグイン

プラグインの検索と利用方法

Figmaで利用できるプラグインについて解説します。
併せて、おすすめのプラグインも紹介しています。

Figmaでは、作業をサポートするさまざまなプラグインを無料で利用できます（有料プランへの加入が必要なプラグインもあります）。プラグインは世界中のFigmaユーザーが作成・公開しているので、適宜利用して作業を効率化しましょう。

コミュニティから探す

ブラウザ版、デスクトップアプリ版ともに、以下のようにダッシュボード画面で［コミュニティを見る］をクリックしましょう。

コミュニティページをスクロールしていくと［コミュニティ参加者によるコミュニティのためのページ］が表示されます。見出しの下に表示されているフィルター機能のうち、次のページのように［すべてのリソース］から［プラグイン］を選択すると、プラグインのみを一覧で表示できます。プラグインの表示順は［人気上昇中］と［新着順］から選択できます。

プラグインを使う

以下の画面右側にある［使ってみる］からプラグインを実際に試せます。

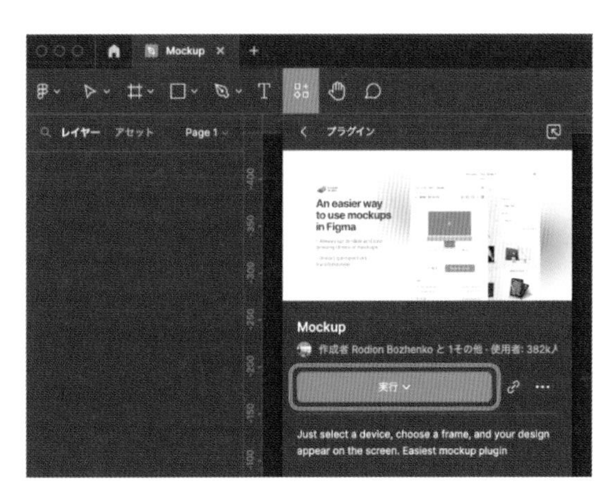

［使ってみる］をクリックすると編集画面が開くので、左のように［実行］をクリックしてプラグインを起動します。

以下の画面のようにプラグインが起動しました。プラグインは保存できるので、気に入った場合は保存しておきましょう。保存しておくと、使いたいときにすぐ呼び出せて便利です。

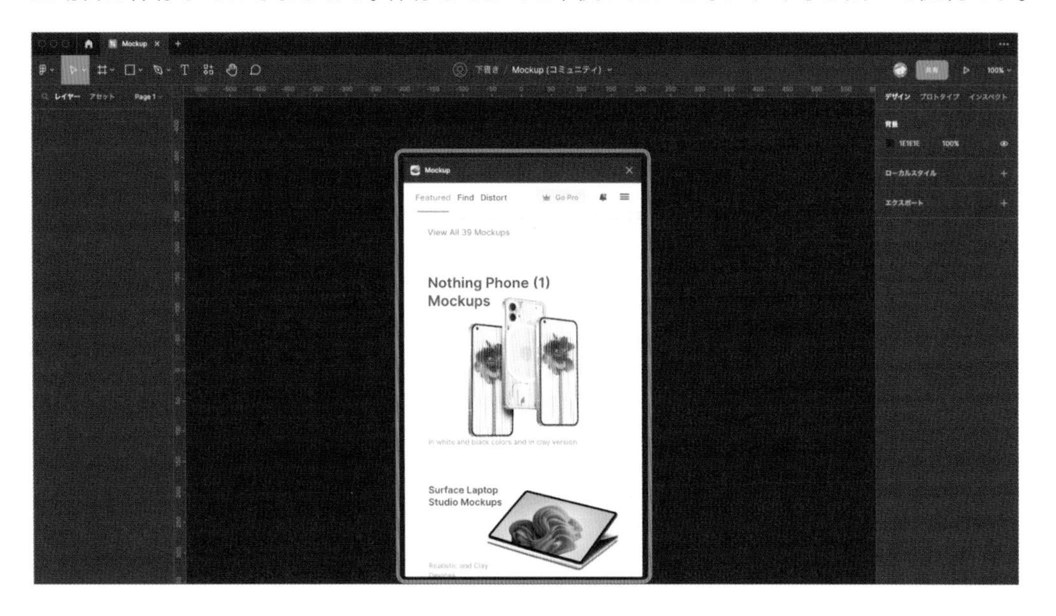

プラグインを保存する

プラグインを保存するには、[リソース] ツールでプラグインを再度開き、❶ […] をクリックして❷ [保存] を選択します。

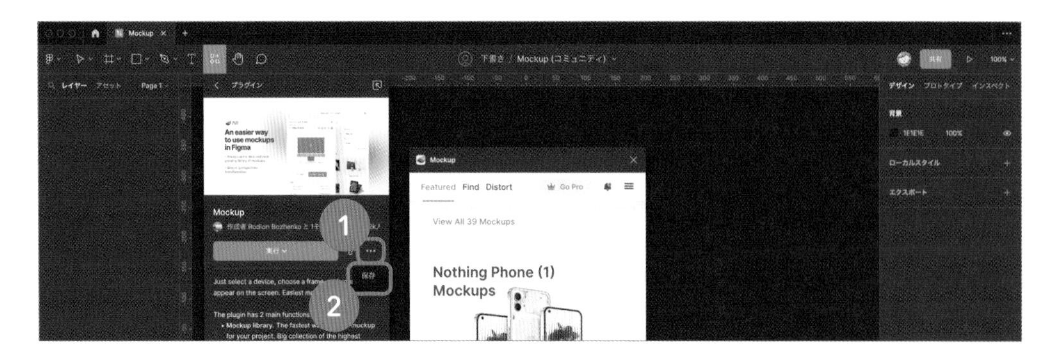

保存したプラグインを使いたいときは、[リソース] ツールでパネルを開き、以下の画面のようにプラグインタブで [保存済み] を表示します。保存したプラグインの一覧が表示されるので、使いたいプラグインにカーソルを合わせて [実行] をクリックすればプラグインが起動します。

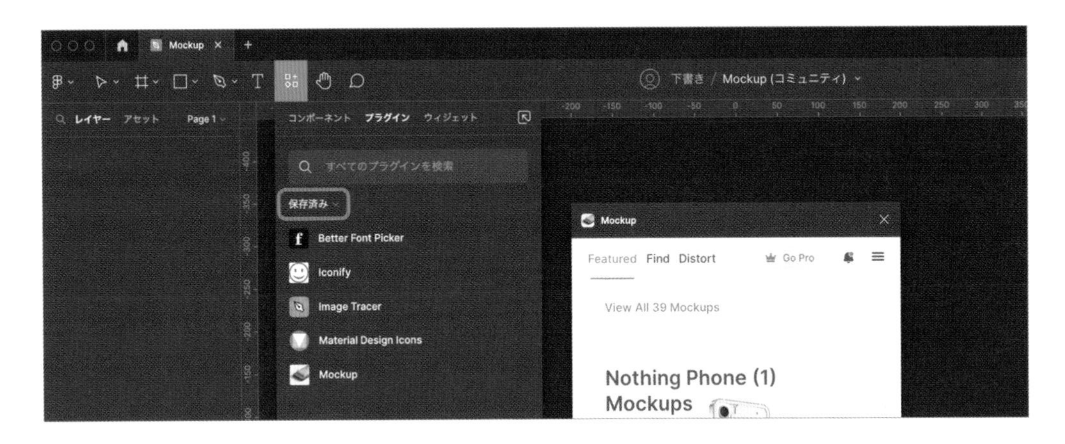

リソースツールから探す

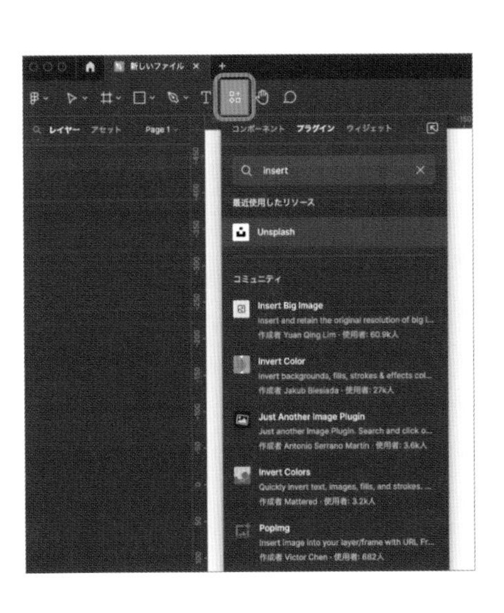

左の画面のように、編集画面の [リソース] ツールにあるプラグインタブから、プラグインを探すこともできます。リストのいちばん下にある [コミュニティで探す] から、コミュニティページへの移動も可能です。

もち的おすすめプラグイン4選

いろいろなプラグインがあるので、何を使えばいいか分からない……という人のために、最初に入れておくと便利なおすすめプラグインを4つ紹介します！

Remove BG

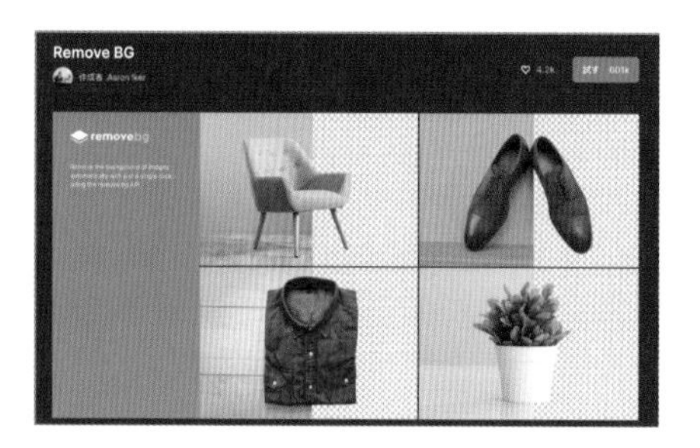

画像の背景をAIが自動で切り抜いてくれるプラグインです。実行してから数秒で精度高く切り抜くことができ、月50枚までは無料で使えます。

▶ Remove BG
https://www.figma.com/community/plugin/738992712906748191

Unsplash

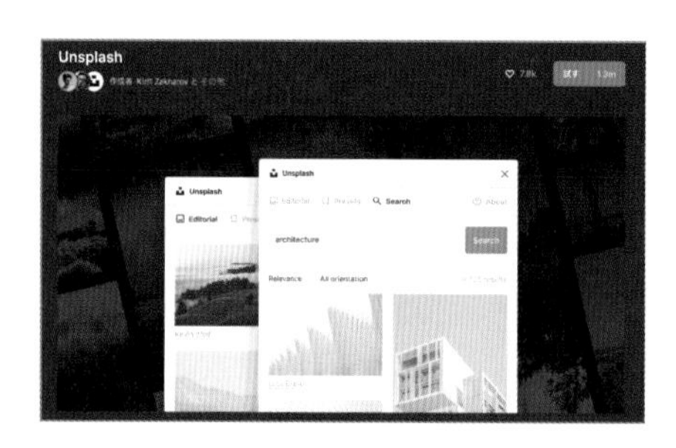

高品質なフリー写真素材サイトであるUnsplashのプラグインです。Unsplashのサイトに行くことなく、Figma上でUnsplashの素材を探して挿入することができます。筆者的にいちばん使用頻度が高いプラグインです。

▶ Unsplash
https://www.figma.com/community/plugin/738454987945972471

Insert Big Image

大きな画像を解像度そのままにFigmaに読み込ませられるプラグインです。Webサイト全体のスクショなど大きな画像をFigmaに読み込ませると、解像度の問題から自動で縮小されてしまうことがあります。画像の大きさを変えずに、読み込みを行いたいときに利用しましょう。

▶Insert Big Image
https://www.figma.com/community/plugin/799646392992487942

uiGradients

高品質で美しいグラデーションのライブラリプラグインです。自分で魅力的なグラデーションを作るのは大変ですが、こちらのプラグインを使えば1クリックで素敵なグラデーションをデザインに反映できます。

▶uiGradients
https://www.figma.com/community/plugin/744909029427810418

その他の便利なプラグイン

筆者のブログでおすすめプラグインを紹介しているので、興味がある人は見てみてください。

▶【2022年版】Figmaのおすすめプラグイン30選！使い方が分かる動画付き
https://makikosakamoto.design/blog/20220118

基礎編

LESSON 16

ファイルとウィジェットの利用方法

#リソース
#ファイル
#ウィジェット

Figmaのコミュニティにはプラグイン以外にも、ファイルとウィジェットというリソースが提供されています。

ファイルを使用する

ファイルでは、世界中のFigmaユーザーが作成したファイルリソースが使用できます。アイコンやイラスト、UIキットや一貫性のあるデザインを作成するのに必要なデザインシステム、Webテンプレートなど、ハイクオリティなリソースを利用できます（有料のファイルもあります）。自分で作ったファイルをコミュニティに公開することも可能です。

ファイルを使用するには、以下の画面のようにコミュニティページでフィルターの選択を［すべてのリソース］から［ファイル］に変更してください。

ウィジェットを使用する

ウィジェットとは、FigmaとFigJamで使用できるミニツールのようなものです。他のリソースと同様に、世界中のFigmaユーザーが作成したウィジェットが公開されているので、好きなものを無料で利用できます。

利用できるウィジェットには投票ツールやToDoリスト、スティッキー（メモ）、ボイスメモなどがあり、Figmaの作業をサポートする便利なウィジェットが公開されています。以下の画面のようにコミュニティページでフィルターの選択を［すべてのリソース］から［ウィジェット］に変更すると、使用できるウィジェットが表示されます。

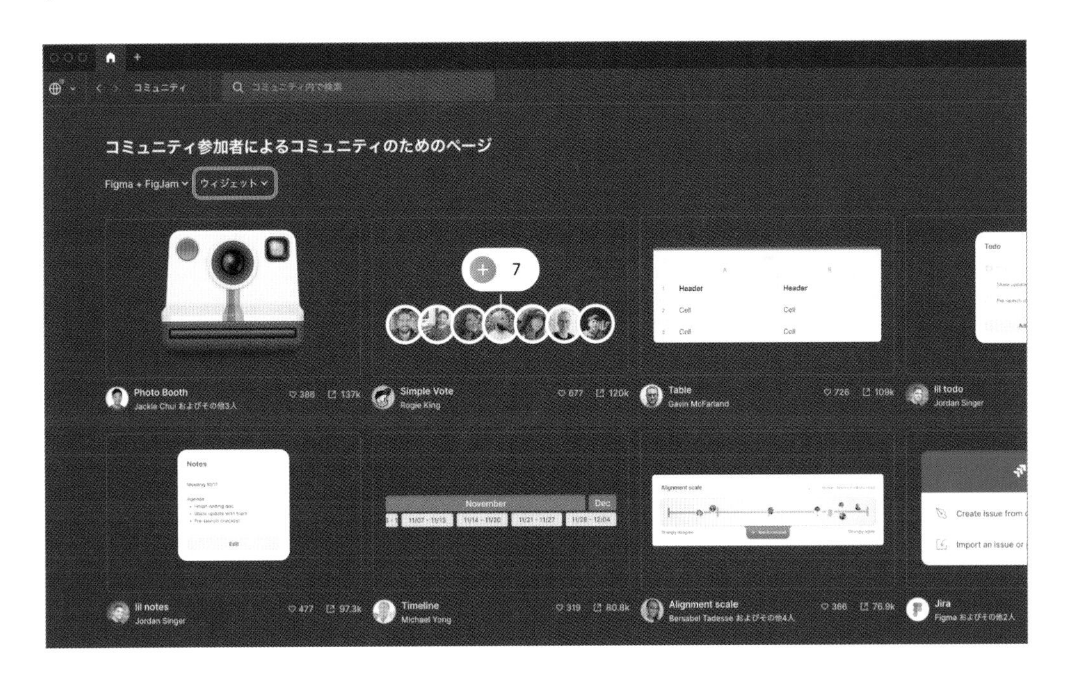

基礎編

LESSON 17

デザインにおける生成AIの活用

#AI

Figmaでも生成AIを用いたプラグインが登場しています。Figmaで AIを活用する方法を見ていきましょう。

AIを使ったFigmaのプラグイン

ChatGPTを筆頭に生成AIが注目されており、FigmaでもAIを活用したプラグインが続々と公開されています。本書執筆時点ではウェイティングリストのものも多いですが、すでに使えるプラグインを2つ紹介します。これら以外にもChatGPTやMidjourneyなどの生成AIを活用し、デザインに役立てていきましょう。

Magician

アイコン、画像、キャッチコピーをAIで自動生成できるプラグインです。$5.00/月の有料プラグインですが、21日間は無料トライアルが可能です。[Magic Icon] [Magic Image] [Magic Copy] の各メニューから利用したいものを選択し、生成用のプロンプト（テキスト）を入力すると、自動で生成されます。英語のみ対応しています。左の画面はMagic Iconでカメラアイコンを生成した結果です。

▶ Magician
https://www.figma.com/community/plugin/1151890004010191690

Magestic

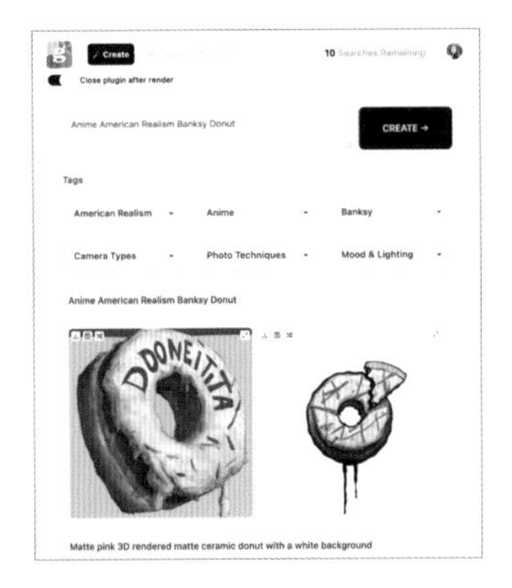

「Magician」と同じくAIで画像を生成するプラグインです。タグを選択することで、さまざまな質感やタッチの画像を生成できます。有料版のプランは「Sorcerer」「Wizard」「Druid」の3種類があり、無料版は機能制限があります。英語版のみの対応です。左の画面はバンクシー風のドーナツを生成した結果です。

▶ Magestic
https://www.figma.com/community/plugin/1148175024770495469

ChatGPTでダミーテキストを考えてもらう

Webデザイナーが ChatGPTを利用するシーンのひとつに「ワイヤーフレームに配置するダミーテキストの作成」があります。「国産のくだものにこだわったフルーツタルト専門店」を例に、ダミーテキストの生成方法を紹介します。

以下の情報をもとに、Webデザインのワイヤーフレームに使用する文章を3パターン作成してください。そして、あなたがターゲットになりきり、各文章に対して魅力的に思うかどうかを10点満点で採点してください。その中でもっとも点数が高かった文章をもとにブラッシュアップし、3パターンの文章を追加で作成してください。新たに作成した各文章を再び採点し、もっとも点数が高かった文章を最後に提示してください。

 # 題材
- 国産のくだものにこだわったフルーツタルト専門店

 # Webサイトの目的
- 認知度アップ、来店者数の増加

 # ターゲット
- 20〜30代女性

 # ターゲットの趣向
- 見栄えが良いケーキを写真に撮ってSNSに載せたい
- 新しいものが好き
- 自分へのご褒美が定期的にほしいと思っている

 # 文字数
- 280文字

 # 文調
- シズル感のある表現を使う
- ですます調

 # 文章の目的
- 自分たちのお店の特徴を伝えて魅力的に感じてもらうこと

 # 禁止事項
- 直接的にSNSでバズる、いいね！がたくさんもらえるなどと謳うこと

COLUMN 04

もち流、生成AIの使い方をチラ見せ

CHAPTER 03では私の生成AIに関する考え方を書きましたが、具体的な使用方法が分からない人も多いのではないでしょうか。本書執筆時点における、私のAIの使い方として「AIで画像素材を作成する」と「AIに文章作成をサポートしてもらう」という2つを紹介します。

まずは、AIで画像素材を作成する方法です。最近では少しずつAIで生成した画像を実務でも使うようになってきており、私はMidjourneyの有料版を使用しています（LESSON 34を参照）。ただ、驚異的なスピードで進化しているとはいえ、まだクオリティの差がかなりあります。例えば、日本人の自然な画像素材を作るのはかなり難易度が高く、外国人が考える日本人という雰囲気になってしまいます。

一方で、以下のような料理の画像、背景に使うような抽象的な画像、3Dオブジェクトのようなジャンルは、すでに実務で使用しても問題ないクオリティです。他にも空間デザインやファッションデザインにも強いので、いろいろと試してみてください。

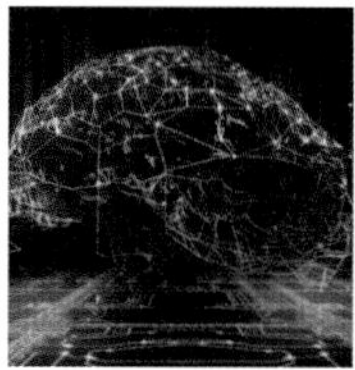

文章の生成では、ChatGPTを使用しています。特に、Webサイトのワイヤーフレームに使うダミーテキストを作ってもらうことが多いです。ダミーテキストとはいえ、本物に近い文章が入っているほうがクライアントさんも良し悪しを判断しやすくなります。前のレッスンでプロンプトの例を載せているので、実際に試してみてください。

最後に、AIはアシスタントのような存在ですが、「AIを信じすぎるな！」ということを意識しましょう。ときにAIは、しれっと大嘘をつくことがあるのです。真偽が分からないものは、必ず自分で裏取りしましょう。画像生成においても、細部までちゃんとチェックしてから使用することをおすすめします。

実践編

CHAPTER 05

Instagram広告を作成する

Instagramのバナーを作成しましょう。本章では、
アパレルブランドの広告バナーを作成していきます。

実践編

LESSON 18

ワイヤーフレームを作成する

Instagram広告
ワイヤーフレーム

デザインの前にワイヤーフレームを作成します。Figmaではinstagram用のフレームが用意されています。

フレームを選択する

ここからは実践編として、Figmaでさまざまな成果物のデザインを作成する例を紹介していきます。

右の画面にあるのが、今回作成するInstagram広告の完成例です。まずはフレームツールを選択し、右サイドバーにある［ソーシャルメディア］タブから［Instagram投稿］（1080×1080px）を選択します。

ガイドラインを引く

フレームを設置したら、次のページの画面のようにガイドラインを引きましょう。LESSON 09を参考にメモリ（定規）を表示したうえで、画面左側のメモリから垂直ガイドを、上部のメモリからは水平ガイドを引きます。

最初に一辺の長さが60pxの正方形を4つ作成し、四隅に配置します。その正方形をもとに、ガイドラインを上下左右と中央に引いていきます。

❶ 一辺の長さが60pxの正方形を４つ作成し、四隅に配置する
❷ 正方形に沿って、ガイドラインを上下左右に引く
❸ 中央位置にガイドラインを引く
❹ 正方形を削除する

ガイドの削除方法

ガイドを削除するには、ガイドを選択して Delete を押すか、ガイドをキャンバス外にドラッグ＆ドロップします。

中央位置にガイドラインを引く

中央にガイドラインを引く際、ゆっくりと中央に向けてガイドラインをドラッグすると、Figmaのスマートグリッド機能により、中央位置で自動的に固定されます。

必要な情報をテキストで用意する

バナーに掲載する情報をリストアップし、それらをテキストで作成しましょう。本レッスンで使用するテキストは以下の通りです。情報を重要度の高い順に整理しておくと、後で作業しやすくなります。

1 SECRET SALE
2 MAX 70%OFF
3 20XX.MM.DD - DD
4 mochi works

❶ SECRET SALE
フォント：Montserrat
フォントサイズ：170

❷ MAX 70%OFF
フォント：Montserrat
フォントサイズ：74

❸ 20XX.MM.DD - DD
フォント：Montserrat
フォントサイズ：60

❹ mochi works
フォント：Shrikhand
フォントサイズ：54 / 36

▶ Montserrat
https://fonts.google.com/specimen/Montserrat

▶ Shrikhand
https://fonts.google.com/specimen/Shrikhand

フレームに配置する

テキスト情報がそろったら、バナーのレイアウトを決定するために、手描きでラフスケッチを作成するとよいでしょう。本書ではこのステップは省略しますが、みなさんが実際に作業するときには、この工程も意識してみてください。

続いて、シェイプツールとテキストツールを使ってワイヤーフレームを作成します。今回の例で作成するパーツは以下の通りです。

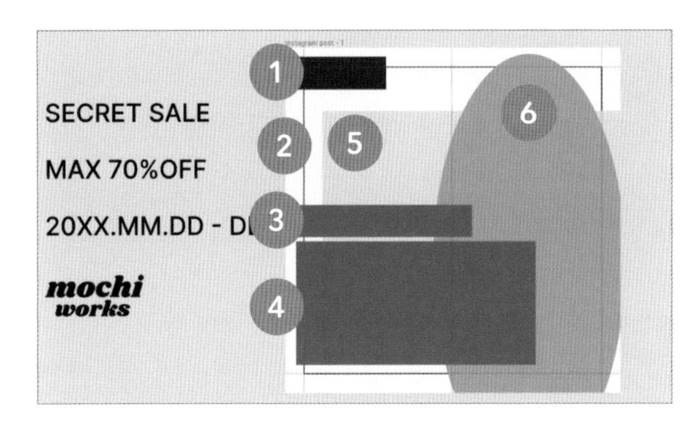

❶ mochi works
サイズ：320 × 120px
カラー：black

❷ 枠線
サイズ：960 × 960px
カラー：black

❸ MAX 70%OFF
サイズ：505 × 120px
カラー：#595959

❹ SECRET SALE
サイズ：650 × 400px
カラー：#595959

❺ 長方形
サイズ：900 × 450px
カラー：#D9D9D9

❻ 人物
サイズ：633 × 1137px
カラー：C0C0C0

パーツを作成して、フレームに配置していきます。左の画面のように配置できたら、テキストも配置していきます。これでワイヤーフレームを作成できました。

ワイヤーフレームはモノクロで作成しよう

ワイヤーフレームは、大まかなレイアウトの決定が目的です。要素に色が付いていると、視覚的に惑わされやすくなるので、モノクロで作成しましょう。

実践編

LESSON 19

バナーをデザインする

#Instagram広告
#デザイン

前のレッスンで作成したワイヤーフレームをもとに、Instagram広告のバナーのデザインを行っていきましょう。

カラーパレットを用意する

バナーのワイヤーフレームが作成できたら、色や画像を入れてデザインしていきましょう。最初にカラーパレットを決めておけば、色の選択に迷うことを防げます。慣れていない場合は、2～3色を基調にすると統一感を出しやすいです。

今回は黒（#222222）、オレンジ（#FF7426）、白（#FFFFFF）の3色のパレットを作成します。まずは、各色を［色スタイル］に登録しましょう。手順は以下の通りです。

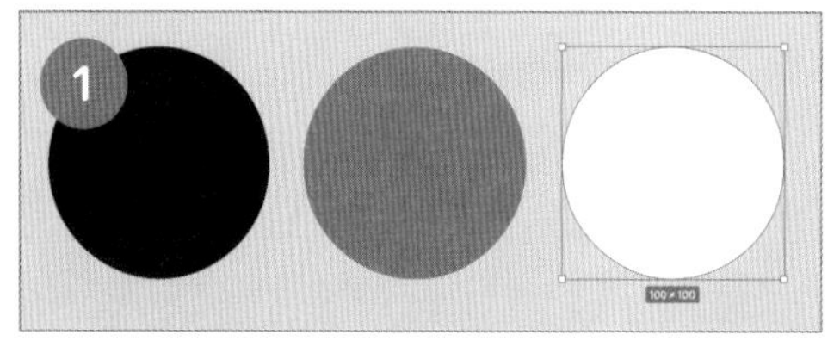

❶ 左の画面のように3つの円を作り、それぞれ黒、白、オレンジに塗る

❷ 円を選択して、右サイドバーの［塗り］にある［::］ボタンをクリックする
❸［+］をクリックする
❹ 名前を入力する
❺［スタイルの作成］をクリックすると、スタイルに登録できる

写真を挿入する

次は「Unsplash」プラグイン（LESSON 15を参照）を使用して、メインになる女性モデルの写真を入れていきます。［リソース］ツールのプラグインタブを開きましょう。検索バーに「Unsplash」と入力して実行します。

❶ リソースツールに切り替える
❷ プラグインタブを開く
❸ ［すべてのプラグインを検索］に「Unsplash」と入力する
❹「Unsplash」の［実行］をクリックする

❺［Search］に「fashion」と入力し、検索する
❻ 左の画面と同じ画像をクリックし、「Unsplash」を終了する

写真を切り抜く

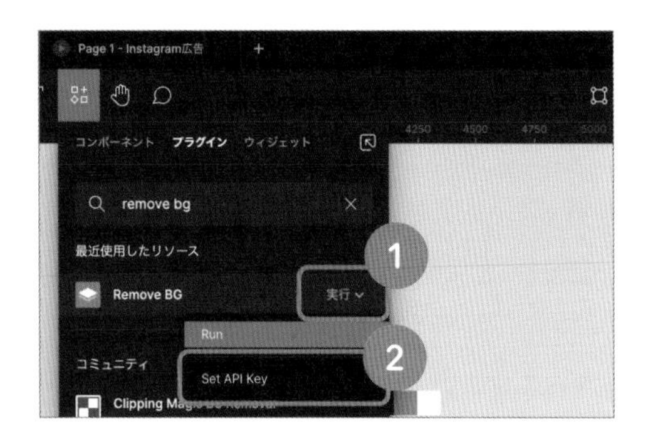

女性の画像を表示できたら、背景を切り抜きましょう。画像の背景を簡単に切り抜ける「Remove BG」プラグイン（LESSON 15を参照）の❶［実行］のプルダウンメニューから❷［Set API Key］をクリックします。

Remove BGを初めて利用する場合には、アカウントの作成とAPIキーの発行が必要になります。表示されたポップアップ内のリンクからRemove BGのWebサイトに移動し、アカウントを作成しましょう。

アカウントの作成後、APIキーのページにアクセスします。［+New API key］をクリックし、APIキーを発行します。生成されたキーをコピーしたら、Figmaの入力欄にペーストして［Save］をクリックします。

▶ Remove BGのAPIキーのページ
https://www.remove.bg/dashboard#api-key

先ほど配置した女性の画像を選択し、Remove BGを実行します。しばらく待つと、背景が自動で切り抜かれます。切り抜きできたら、左の画面のようにワイヤーフレームの上に重ねましょう。

背景を作成する

次に背景を作成していきましょう。今回はフレームに、左の画面のように直接色を塗ります。まずはフレームを選択し、右サイドバーの［塗り］から色スタイルに登録してあるオレンジを適用します。

バナーの中央に入れる背景には、Unsplashから選んだ魅力的な画像を配置しましょう。「Abstract」で検索すると、背景に使えるスタイリッシュな画像がたくさん出てきます。

今回は、以下の左側の画面のように黒い背景に白いブラシが映える画像を使用します。画像を挿入する四角のレイヤーを選択した状態で、画像をクリックします。このように、レイヤーを選択した状態でUnsplashの画像をクリックすると、以下の右側の画面のようにそのレイヤーのオブジェクトに画像が挿入されます。

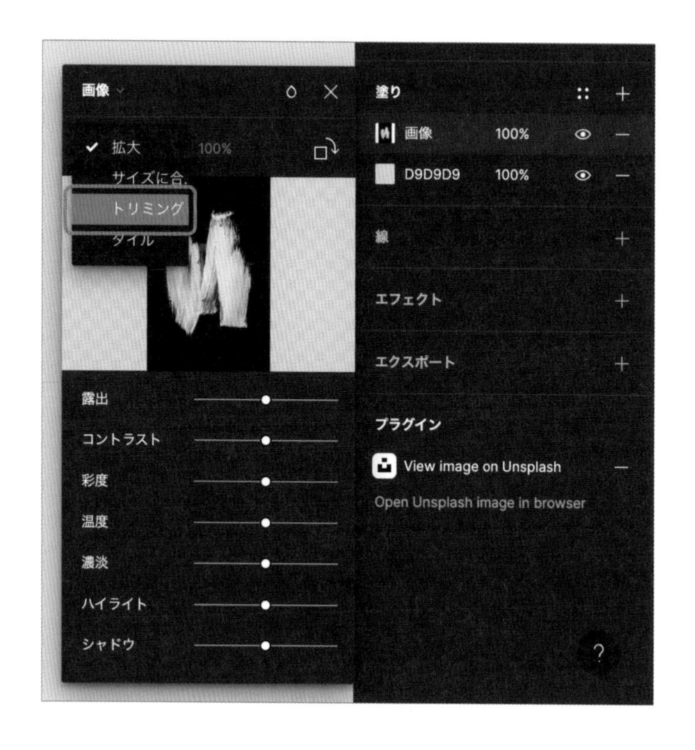

背景の画像を挿入したら、ダブルクリックして左の画面のように[画像の詳細]パネルを開き、[トリミング]を選択して画像のサイズや位置を調整します。調整後、ガイドの役割だった人物とテキストの下のオブジェクトを削除しましょう。

テキストを整える

続いて、テキストの太さやサイズ、位置などを整えていきましょう。「MAX 70%OFF」というテキストは70%が目立つように「MAX」と「OFF」のサイズをひと回り小さくしています（MAX&OFF：54px / 70%：74px）。また、テキストに動きを出すために「Italic」（斜体）に変更しています。

さらにロゴの位置も調整します。ロゴとテキストは奥行きを出すために、あえてガイドから少しだけ左側にはみ出させています。ここまでの調整を行うと、次のページにある画面の状態になります。

テキストに帯を引く

上の画面の状態では、背景の画像にある白いブラシと重なり、「MAX70%OFF」の可読性が低くなってしまいました。可読性を高めるためにテキストの下に黒い四角を作成し、帯を引きましょう。

スタイル設定

サイズ：488 × 80px
カラー：black

エフェクトやテクスチャを入れる

より魅力的な見た目のInstagram広告になるように、シャドウなどのエフェクトやテクスチャを入れて、デザインをリッチにしていきましょう。

画像の色味を調整する

以下の画面のように女性モデルの画像をダブルクリックして［画像の詳細］パネルを開き、コントラストや明るさなどを調整しましょう。今回はクールな印象のバナーにしたいので、コントラストとハイライトをやや高く、シャドウを強くします。

左側の画像が、色味を調整した結果です。微妙な差ではありますが、比較すると色味を調整した画像のほうが、パキッとしてクールな印象になっていると思います。

背景にテクスチャを入れる

オレンジの背景部分にもテクスチャを入れていきます。フレームと同じ大きさの四角を作成し、最背面に配置します。

再びUnsplashを起動し、「texture」で検索してみましょう。今回は左の画面にあるペイント風の画像をテクスチャとして使用していきます。

以下の画面のように、最背面に配置しておいた四角を選択したうえで、テクスチャの画像を挿入します。挿入したらレイヤーを［オーバーレイ］に設定してブレンドしましょう。

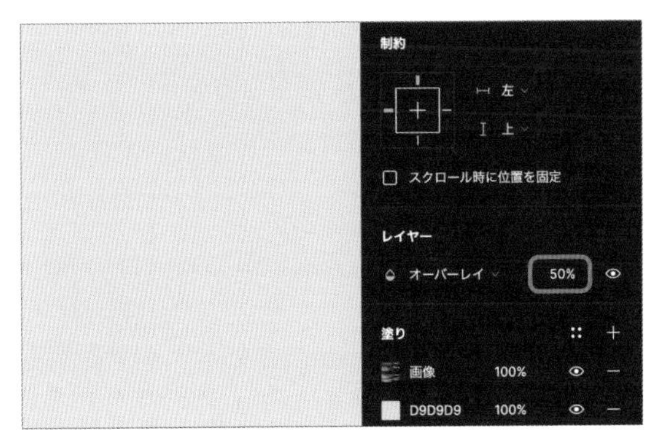

背景色がオレンジに変わりました。今の状態では、ややテクスチャの主張が激しいので、レイヤーの不透明度を「50%」にして馴染ませます。

テキストにシャドウを入れる

次に、テキストの可読性を高めるためにシャドウを入れていきましょう。以下の画面右側のように、今の状態だと「SECRET SALE」が中央の画像の白と重なり、やや読みづらくなっています。シャドウを大きめにふわっと入れると、あからさまに「シャドウを入れた」という感じがせず自然に可読性を上げられます。

上の画面左側がシャドウを入れた状態です。微妙な差ではありますが、白っぽい背景と重なって読みづらかった「E」や「A」が読みやすくなっているのが分かるかと思います。

あしらいを入れる

最後に、バナーを引き立てるあしらいを入れてみましょう。Figmaだけでもさまざまなあしらいを作れます。今回はガイドの部分に引いた四角線をアレンジします。

オブジェクトを避けて線を引く

画面に表示されている四角線を削除します。その後、ペンツールに切り替えて、以下の画面左側のように、ガイドに沿ってロゴなどの配置されているオブジェクトを避けて線を引きましょう。

直角の線を引く

直角の線を引く際、Shiftを押しながら操作すると角度が45°刻みになるので引きやすくなります。

線が引けたら、2つの線はグループ化（command＋G／Ctrl＋G）しておきましょう。上の画面右側のようにグループ化できたら、中央の画像と女性の画像の下にレイヤーを移動し、線が画像に被らないようにします。続いて、線の太さや色を調整しましょう。今回は太さ4px、色は白（#FFFFFF）で作成しました。仕上がりは次のページの画面のようになります。

帯にあしらいを入れる

デザインに動きを出すために、「MAX 70%OFF」の帯の右側に長方形を2つ足してみましょう。今回は横幅8px・縦幅80px・間隔6pxの長方形を作成しました。

完成したら、各オブジェクトの位置やテキストの文字間隔などの微調整を行い、仕上げます。

以上でバナーデザインが完成しました。

実践編

LESSON 20

デザインを確認する

Instagram広告
モバイルアプリ

Instagram広告のバナーが作成できました。実際にスマートフォンでバナーデザインを確認しましょう。

プレゼンテーションモードで確認する

バナーのデザインができたら、実際にどのように見えるかをプレゼンテーションモードを使って確認しましょう。実際の環境に近づけるために、Figmaコミュニティで公開されているInstagramのモックアップデータを使用します。

▶ Free Instagram UI Mockups 2023
https://www.figma.com/community/file/1182599943077664015

ファイルを使用するときは、以下の画面の右上にある［コピーを取得する］ボタンをクリックします。クリックすると、自分のプロジェクトとして複製されたファイルが開きます。

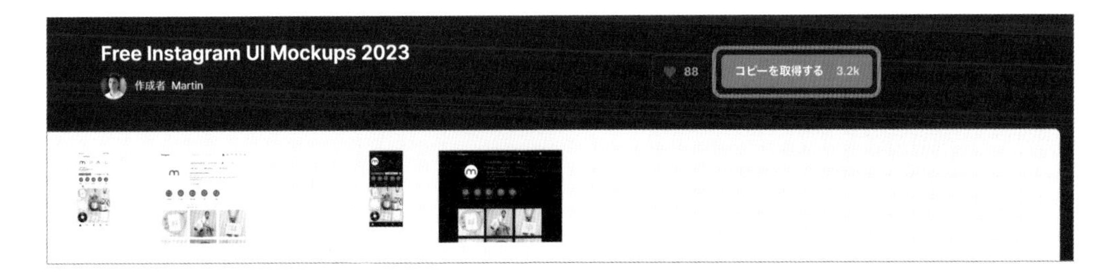

広告バナーがどのように表示されるか確認しましょう。次のページの画面のように、Instagramの投稿画面のフレームをコピーします。

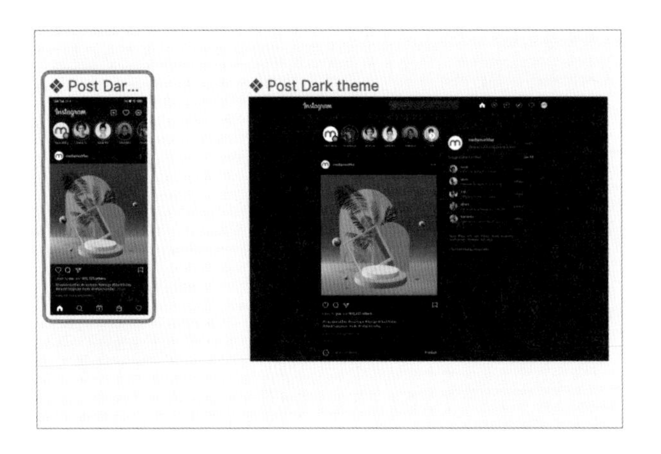

コピーしたフレームをバナーを作成しているファイルに貼り付けられたら、作成したInstagram広告のデザインのフレームを選択し、右クリックから［PNGとしてコピー］を選択します。

続いて、左の1つ目の画面のようにモックアップの投稿写真を選択したうえで、コピーしたフレームをペーストすると、左の2つ目の画面のように画像が差し替わります。

さらに、右サイドバーのプロトタイプタブを開き、デバイス一覧から確認したいスマートフォンの機種名をクリックします。今回は例として［iPhone 13］を選択しました。

フレームを選択し、❶［プロトタイプ］パネルの［フローの開始点］にある［+］マークをクリックします。これでフレームをプロトタイプの開始点（プロトタイプでユーザーが最初に見る画面）にできます。フレームの左横にある❷再生ボタンをクリックし、プレゼンテーションモードを起動しましょう。

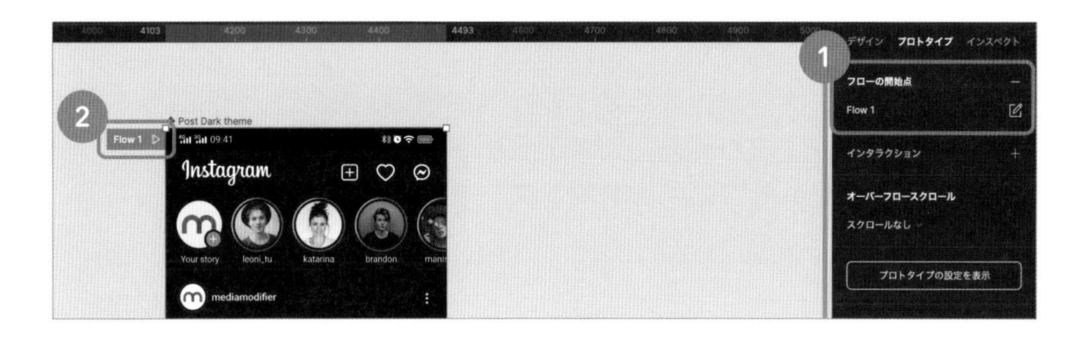

iPhone 13のサイズで、作成したバナーがInstagram広告として表示された状態をプレビューできました。文字のサイズなどを確認し、修正が必要な場合は編集ファイルに戻って修正しましょう。

スマートフォンで確認する

プレゼンテーションモードで確認しても、実際にスマートフォンで見ると、異なって見えることがあります。InstagramなどのSNSを筆頭に、最近はスマートフォンファーストなデザインが求められるケースも多くあります。そのようなデザインは必ず実機でも確認するようにしましょう。

Figmaのモバイル用アプリをダウンロードする

Figmaのモバイルアプリをインストールして、実際のスマートフォンでどのように見えるかを確認しましょう。

▶iOSアプリ

https://apps.apple.com/app/figma-mirror/id1152747299

▶Androidアプリ

https://play.google.com/store/apps/details?id=com.figma.mirror

インストール完了後、Figmaにログインできたらメニューバーから❶[Mirror]を選択します。[Mirror]とは、パソコンのFigma画面で選択したフレームをスマートフォンに映し出してくれる機能です。

表示を変えたい場合は、パソコン上で他のフレームを選択します。Instagramのようなスマートフォンファーストなデザインをするときには必須の機能なので、覚えておきましょう。

パソコンの画面に戻り、先程のモックアップのフレームを選択します。スマートフォンの画面に選択したフレームの名前が表示されたら準備OKです。❷［Begin mirroring］ボタンをタップします。

上記のようにモックアップが表示されれば成功です。［Mirror］を終了する際には、2本指で画面をタップしてホールドすると、終了メニューが表示されます。

［Mirror］以外からファイルを開く

モバイルアプリでは［Mirror］以外に［Recents］や［Search］メニューから直接ファイルを開くことが可能です。開いたファイルからプレゼンテーションモードを起動することもできます。また、アプリからコメントの追加や返信、削除などの編集もできます。

画像を書き出す

最後に、作成したバナーを画像として書き出してみましょう。フレームを選択して、[デザイン] パネルのいちばん下にあるエクスポートの [+] マークをクリックします。高解像度ディスプレイでもきれいに表示するために、「1x」となっている箇所を「2x」に変更し、2倍サイズで書き出します。次に、画像形式を選択しましょう。今回は以下の画面のようにJPGを選択します。

[エクスポート] ボタンをクリックして保存場所を選択し、保存します。これで画像として書き出すことができました。

よく使うテキスト関連のショートカットキー

機能	Mac	Windows
カーニング (文字間隔を広げる／狭める)	option + > option + <	Alt + > Alt + <
font weight (フォントの太さを上げる／下げる)	command + option + > command + option + <	Ctrl + Alt + > Ctrl + Alt + <
line height (行間を広げる／狭める)	shift + option + > shift + option + <	Alt + Shift + > Alt + Shift + <

レイヤーを前面・背面に移動するショートカットキー

機能	Mac	Windows
レイヤーを前面に移動する	command +]	Ctrl +]
レイヤーを背面に移動する	command + [	Ctrl + [

実践編

CHAPTER 06

YouTubeのサムネイルを作成する

女性向けのアパレル動画を例に、YouTubeのサムネイルの
作成方法を見ていきましょう。

実践編

LESSON 21

ロゴやレイアウトを作成する

#YouTube
#ロゴ
#レイアウト

サムネイルに使用するための、ロゴやレイアウトといったパーツの作成方法を学びます。

今回作成するYouTubeのサムネイルの完成例は以下の通りです。左はベースデザイン、右はアレンジ例となっています。

フレームを作成する

まずはフレームを作成しましょう。YouTubeのサムネイルはアスペクト比16:9が推奨されています。解像度を考慮すると「1280 × 720px」が適正なサイズです。FigmaにYouTube用のテンプレートはないので、任意のフレームを選び、幅と高さを指定して作成します。

各パーツを作成する

今回は次のページのパーツを作成します。

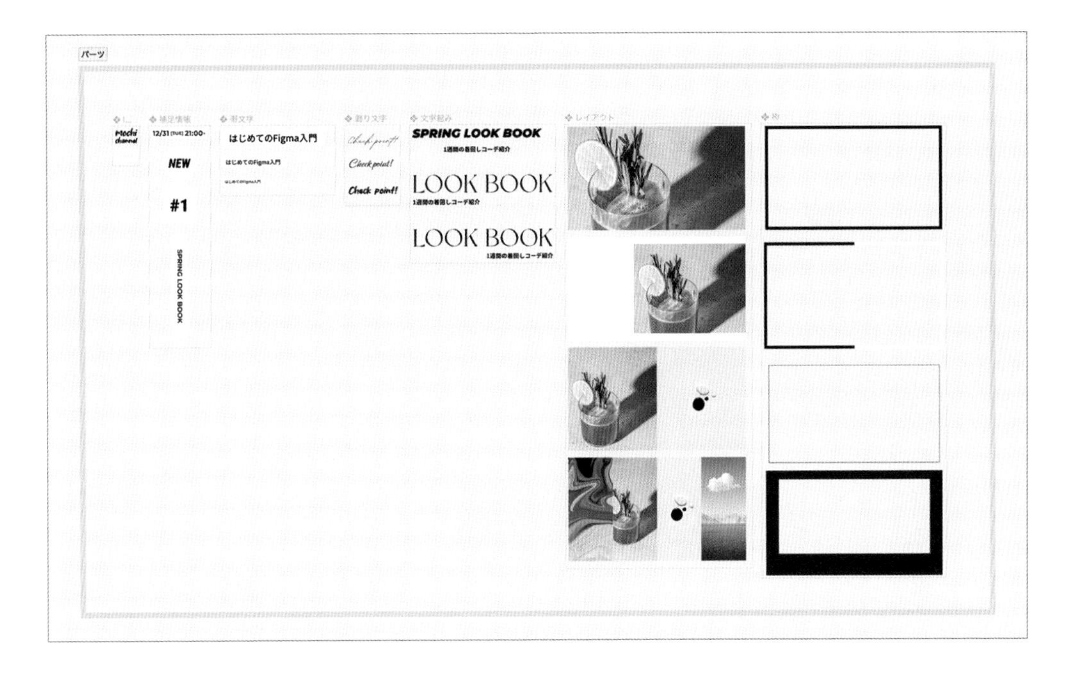

- ロゴ
- レイアウト
- 帯文字（LESSON 22を参照）
- 文字組み（LESSON 22を参照）
- 飾り文字（LESSON 22を参照）
- 補足情報（LESSON 22を参照）
- 枠（LESSON 23を参照）

ロゴのセットを作成する

まずは、サムネイルに入れるロゴを用意しましょう。今回は「Stress」というフリーフォントを使用します。次のページのようにロゴのテキストを入力したら、画面上部にある4つのひし形が並んだマーク（❖）をクリックしてコンポーネント化しておきます（LESSON 11を参照）。レイヤーの名前は分かりやすいように「logo」に変えておきましょう。

▶ Stress

https://www.dafont.com/stress.font

コンポーネントにバリエーションを追加する

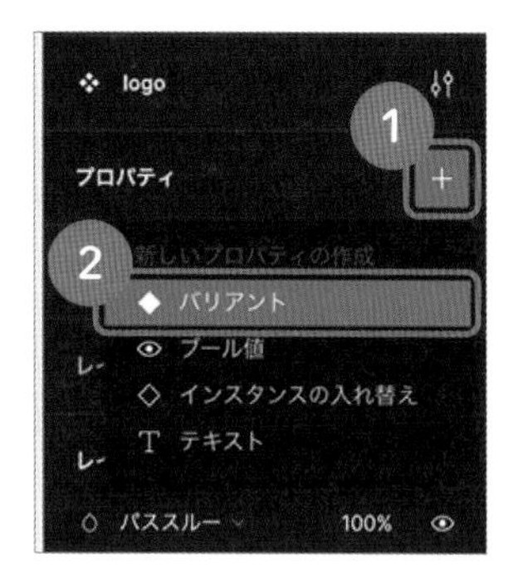

ロゴをコンポーネント化できたら、「バリアント」機能を使用してバリエーションを作成してみましょう。ロゴの色は黒色ですが、白色のロゴも追加したいときにバリアント機能を使用すると、効率よくバリエーションを増やせます。バリアント機能を使用するには、コンポーネントを選択してデザインタブにある［プロパティ］の❶［+］をクリックし、❷［バリアント］を選択します。

バリアント化できると、左の画面のようにコンポーネントが紫色の点線で囲まれます。次に、点線の下にある［+］マーク、もしくはツールバー中央にあるひし形の［+］マークをクリックしましょう。

同じロゴのコンポーネントが追加されました。追加したロゴの文字色を白にしてみましょう。

文字色を変更したら、紫の点線で囲まれた［❖ logo］を選択し、デザインタブの［プロパティ］にある「プロパティ 1」をダブルクリックして「ロゴの色」という名前に変更します。また、その右側に表示される［プロパティの編集］をクリックし、バリアントプロパティの編集パネルで［値］の「デフォルト」を「黒」に、「バリアント2」を「白」に変更しておきましょう。結果、次のページの画面のように［プロパティ］に「ロゴの色　黒、白」と表示されていれば成功です。

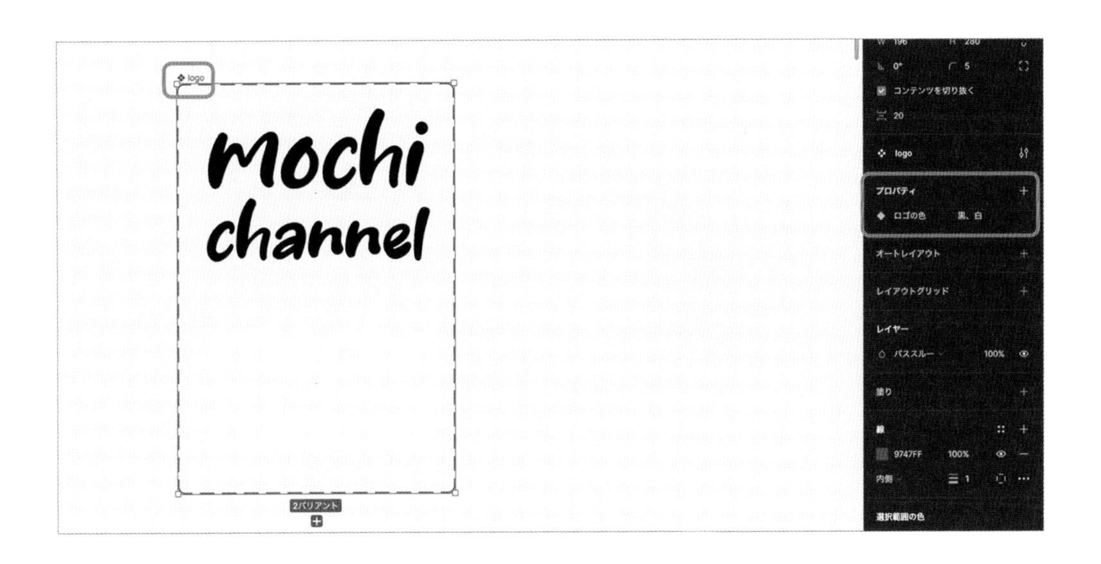

レイアウトのセットを作成する

今回は、以下の4種類のレイアウトを作成します。完成イメージは左の画面の通りです。

❶フル　❷右寄り　❸2分割　❹4分割

フルレイアウトを作成する

まずは、全面に画像を配置するフルレイアウトを作成します。長方形ツールでフレームと同じサイズの長方形を配置しましょう。続いて、「Unsplash」プラグインを起動して「food」と検索し、左の画面と同じ画像をフレームに配置します。画像を配置できたら、フレームの外に移動してレイヤー名を「フル」に変更しておきます。

右寄りレイアウトを作成する

次に、右寄りレイアウトを作成していきます。フルレイアウトと同じように、長方形ツールでフレームと同じサイズの長方形を作成したら、「870 × 620px」の長方形を右寄りに配置しましょう。そして、フルレイアウトと同じ画像をUnsplashから入れ込みます。

その後、画像と背景の長方形を選択してグループ化します。グレーの背景は分かりやすいように白に変更しました。グループ化できたらレイヤー名を「右寄り」に変更します。フルレイアウトと同じようにフレームから外して、フルレイアウトの下に並べておきましょう。

2分割レイアウトを作成する

今度は2分割レイアウトを作成していきます。フレームと同じサイズの長方形を作成したら、「Split Shape」プラグインを実行してみましょう。

Split Shapeは列数と行数を入力すると、オブジェクトを指定した値通りに自動で均等に切り分けるプラグインです。実行したら、Columns（列数）を「2」、Rows（行数）を「1」、Gutter（間隔）とMargin（左右の余白）は「0」に設定して、[Split]ボタンをクリックします。

長方形を横に2分割できたら、Unsplashプラグインでそれぞれに画像を入れてグループ化します。レイヤー名は「2分割」にして、他のレイアウトと並べておきましょう。

4分割レイアウトを作成する

最後に、2分割レイアウトと同じ手順で4分割レイアウトを作成し、レイヤー名を「4分割」に変更して並べておきます。長方形を4分割するには、Split Shapeプラグインで Columns（列数）を「4」にします。

コンポーネントセットを作成する

レイアウトのセットができたので、次は、これらのレイアウトをまとめてコンポーネントセットにします。

まず、作成した4つのレイアウトをすべて選択します。次に、画面中央上にあるひし形が4つ並んだマーク（❖）の右隣にある❶［v］をクリックして、❷［コンポーネントセットの作成］を選択します。すると、ロゴのバリアントを作成したときと同じように、紫の点線でレイアウトが囲まれます。

さらに、セット名とデザインパネルにあるプロパティ名を「レイアウト」に変更しましょう。以上でレイアウトのセットが完成しました。ロゴのセットと並べておきましょう。

コンポーネントセットを作成するには、ロゴの手順のように、コンポーネントを1つ用意してからバリアントを増やしていく方法と、セットを用意した後に［コンポーネントセットの作成］からバリアントを作成する方法の2種類があります。

実践編

LESSON
22

テキスト要素を作成する

#YouTubeのサムネイル
#テキスト

サムネイルに使用する「帯文字」「文字組み」「飾り文字」というテキストパーツを作成します。

本レッスンでは、YouTubeのサムネイルに配置するテキスト要素を作成していきます。具体的には、以下のテキスト要素の作成方法を紹介します。

- 帯文字
- 文字組み
- 飾り文字

帯文字のセットを作成する

まずは、単一方向（縦・横）へ規則的に並べるオートレイアウト機能を使用して、帯文字のセットを作成しましょう。帯文字とは、ここでは帯状の背景を下に配置した文字のことを指します。今回は、フォントサイズを大・中・小の3種類準備します。詳細な仕様は以下の通りです。

- フォント：　Noto Sans JP
- 太さ：　Medium
- サイズ（大）：64px
- サイズ（中）：40px
- サイズ（小）：26px

前のレッスンで使用したフレームに、テキストツールで「ここにテキストが入ります」と入力します。続いてテキストレイヤーを選択し、Shift＋Aでオートレイアウトを設定します。配置は［中央揃え］にしておきましょう。

次に、デザインタブから塗りを設定します。デザインタブのオートレイアウト欄から上下左右の余白を調整します。レイアウトを調整したら、フレームから外してコンポーネント化してください。

オートレイアウト設定

配置：中央揃え
アイテムの間隔（横）：10
水平パディング：24
垂直パディング：10

Figmaの画面上部にある［バリアントの追加］からバリアントを追加し、以下の画面のようにフォントサイズが中と小の帯文字を作成します。

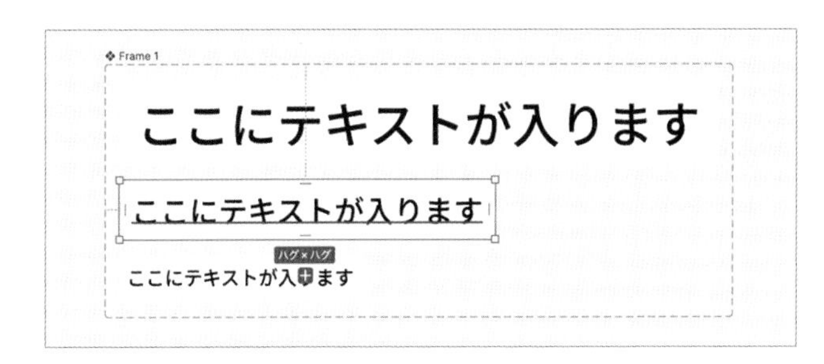

フォントサイズが中の［水平パディング］を16、小の［水平パディング］を10に調整しています。

オートレイアウトを調整したら、コンポーネント名を「帯文字」、プロパティ名を「フォントサイズ」に変更します。各帯文字を選択して、プロパティの値をそれぞれ「大」「中」「小」に変更しましょう。

これで帯文字のセットが完成しました。ロゴセットやレイアウトセットと同様に並べておきましょう。

文字組みのセットを作成する

次に、文字組みのセットを作成します。フレーム内にメインのタイトルとサブのコピーを2セット作成していきます。1セット目の仕様は次のページの通りです。

1セット目の文字組みの仕様

- メインタイトル
  「Look Book」：Dream Avenue、Regular、172px、文字間4%
- サブコピー
  「1週間の着回しコーデ紹介」：Noto Sans JP、Bold、40px、文字間4%

テキストを入力したら、❶それぞれ個別にオートレイアウト化しましょう。そして2つのテキストを選択して、❷一緒にオートレイアウトを設定します。最後にコンポーネント化します。

▶Dream Avenue
https://8font.com/dream-avenue-font/

上の文字組みと同じ手順で、次のページの画面のように2セット目の文字組みを作成してみましょう。こちらもそれぞれをオートレイアウト化した後、まとめてオートレイアウトを設定し、コンポーネント化します。

2セット目の文字組みの仕様

- メインタイトル
  「SPRING LOOK BOOK」：Montserrat、Black Italic、84px、文字間0%
- サブコピー
  「1週間の着回しコーデ紹介」：Noto Sans JP、Bold、40px、文字間4%

2セット目の文字組みを作成できたら、1セット目の文字組みをコンポーネント化します。コンポーネント化できたら、デザインタブの[プロパティ]にある[+]より［バリアント］を選択します。バリアントを追加すると、左の画面のように紫色の実線から点線に変わります。点線をドラッグして範囲を広げましょう。

次に、2セット目の文字組みをコンポーネント化します。コンポーネント化できたら、以下の画面のように1セット目の文字組みの紫色の点線の中に配置します。これでバリアント化することができました。コンポーネント化してから配置しないと、バリアント化されないので注意してください。

最後に他のパーツセットと同様に名前を変更しましょう。今回はセット名を「文字組み」、プロパティ名を「パターン」、プロパティの値をそれぞれ「1」と「2」にしました。

飾り文字のセットを作成する

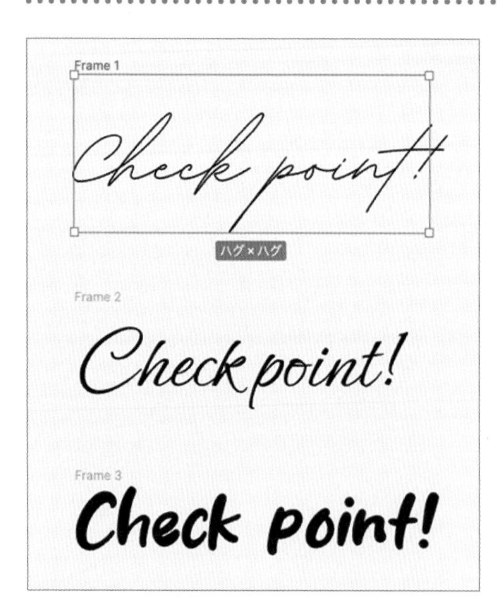

メインタイトルとサブコピーを作成できました。次は、サムネイルを華やかな印象にするための飾り文字のセットを作成していきましょう。今回は以下のフォントを使って、左の画面にある3種類の飾り文字を作成します。

使用フォント

- Beautifully Delicious Script
- Ephesis
- Stress（P.135を参照）

▶ Beautifully Delicious Script

https://ifonts.xyz/beautifully-delicious-font.html

▶ Ephesis

https://fonts.google.com/specimen/Ephesis

テキストツールで「Check point!」と入力したものを3つ作成し、3種類のフォントに変更します。それぞれにオートレイアウトを設定しておきましょう。余白はすべて0に設定します。

さらに、3つのテキストを選択してコンポーネントセットを作成しましょう。セット名を「飾り文字」、プロパティ名を「フォント」、プロパティの値をそれぞれのフォント名にします。これで飾り文字のセットが完成しました。

補足パーツのセットを作成する

同様に補足パーツとして、以下の画面のような縦帯と正方形のバッジを作成してみましょう。縦帯のバッジは、フレームの高さと同じ幅の長方形を作成し、上からテキストツールで「SPRING LOOK BOOK」と入力します。長方形とテキストをグループ化して、Shift を押しながらドラッグして90度回転させると作成できます。テキストは[中央揃え]に設定しておきましょう。

正方形のバッジも長方形のバッジと同様に、正方形を作成後、テキストツールで「#1」と入力してグループ化します。

補足パーツを作成したら、これらもコンポーネントセットにします。これで、補足パーツの作成が完了しました。

実践編

LESSON

23

#YouTubeのサムネイル

フレームとなる枠を作成する

サムネイルの枠を4種類作成しましょう。本レッスンでサムネイルを作成する準備が完了します。

これまでのレッスンで、YouTubeのサムネイルに配置するロゴや文字組みのパーツを作成できました。本レッスンでは、サムネイルの枠のセットを以下の4種類作成します。

- 太枠
- 細枠
- 変形フレーム
- 2色ミックス枠

太枠を作成する

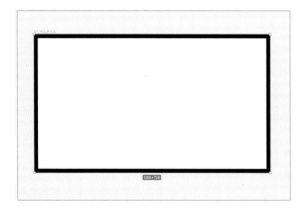

まずは左の画面のように、太枠を作成します。前のレッスンでも使用したフレームと同じサイズの長方形を作成したら、塗りを消します（[–]マークから消すことができます)。次に、線を設定して太さを20pxにします。配置は内側にしておきましょう。

1つ目の太枠はこれで完成です。フレームから外して置いておきます。

細枠を作成する

次は、以下の画面のように細枠を作成します。フレームよりひとまわり小さい長方形を作成しましょう。今回は、例として「1240 × 680px」で作成しています。

太枠と同じように塗りを消して線を設定します。太さは2pxにしておきましょう。

これで2つ目の枠が完成しました。

変形フレームを作成する

3つ目は、次のページの画面のように少々変形した枠を作成しましょう。フレームと同じサイズの長方形を作成したら、下に余白を多めに空けつつ「1100 × 520px」の長方形を重ねて配置します。

長方形を配置できたら、2つの長方形を選択して、画面上部にある［選択範囲の結合］の［v］から［選択範囲の中マド］を選択します（LESSON 10を参照）。次のページの画面のように、フレームより小さい長方形に沿って切り抜かれていれば完成です。

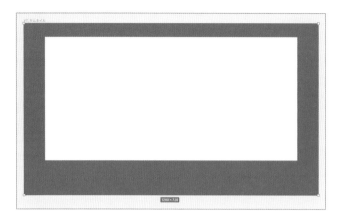

2色ミックス枠を作成する

最後に、2色ミックスの枠を作成してみましょう。フレームと同じサイズの長方形を作成したら、塗りを消して線を20pxの太さで配置します。次に線をアウトライン化しましょう。長方形を選択した後、右クリックメニューから［線のアウトライン化］を選択します。

アウトライン化できたら Enter を押して、パスの編集モードに変更します。長方形が以下の画面のように表示され、かつツールバーの表示が変わっていれば、パスの編集モードになっています。

次に、ペンツールに持ち替えましょう。線の中央にカーソルを合わせると○が表示されるので、クリックします。以下の画面のように上下の線で2点ずつ、計4点の○を足します。

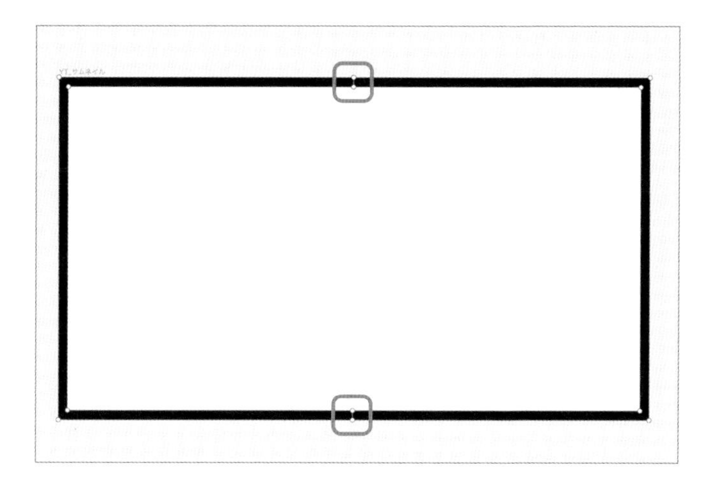

○を足したら、option または Alt を押しながら右上と右下の○をクリックしてアンカーポイント（パスを操作するための軸となる点）を消していきます。ペンツールで option または Alt を押しながらクリックすると、アンカーポイントを削除できます。

そうすると、次のページの画面のように右半分が切られた状態になります。

ここまでできたら、画面左上にある［完了］ボタンを押してパスの編集モードを終了しましょう。次に、左側の枠を複製します。複製したら右クリックメニューから［左右反転］を選択します。

反転させたレイヤーを右端に配置します。以下の画面のように、分かりやすいように色をグレーにしておきましょう。

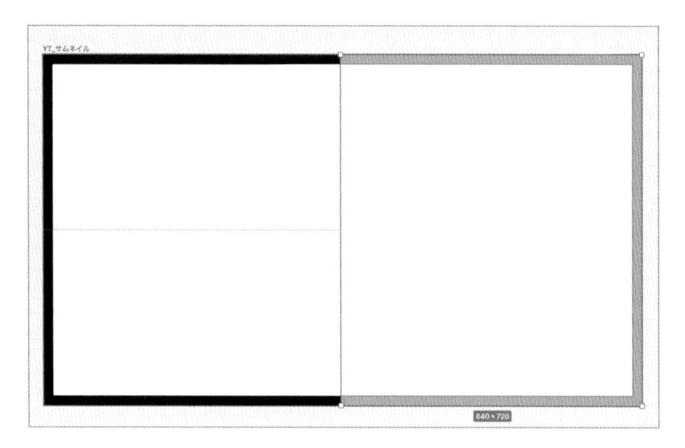

2つをグループ化すれば2色ミックス枠の完成です。ここからは、他のフレームと一緒にコンポーネントセットを作成します。今回はレイアウトと同様に、4つの枠を選択したうえで、画面上部にある［コンポーネントの作成］の［v］をクリックして、［コンポーネントセットの作成］からコンポーネントセットを作成しました。

これで4つの枠のコンポーネントセットが完成しました。分かりやすいようにセット名を「枠」、それぞれの枠を「太枠」「細枠」「変形」「2色ミックス」と名前を付けましょう。

コンポーネントセットをまとめる

ここまでの操作で、すべてのパーツが完成しました。サムネイルを作成する際に選びやすくするために、コンポーネントセットをまとめて配置しましょう。セクションツールを使用して区切っておくのも見やすくなるのでおすすめです。

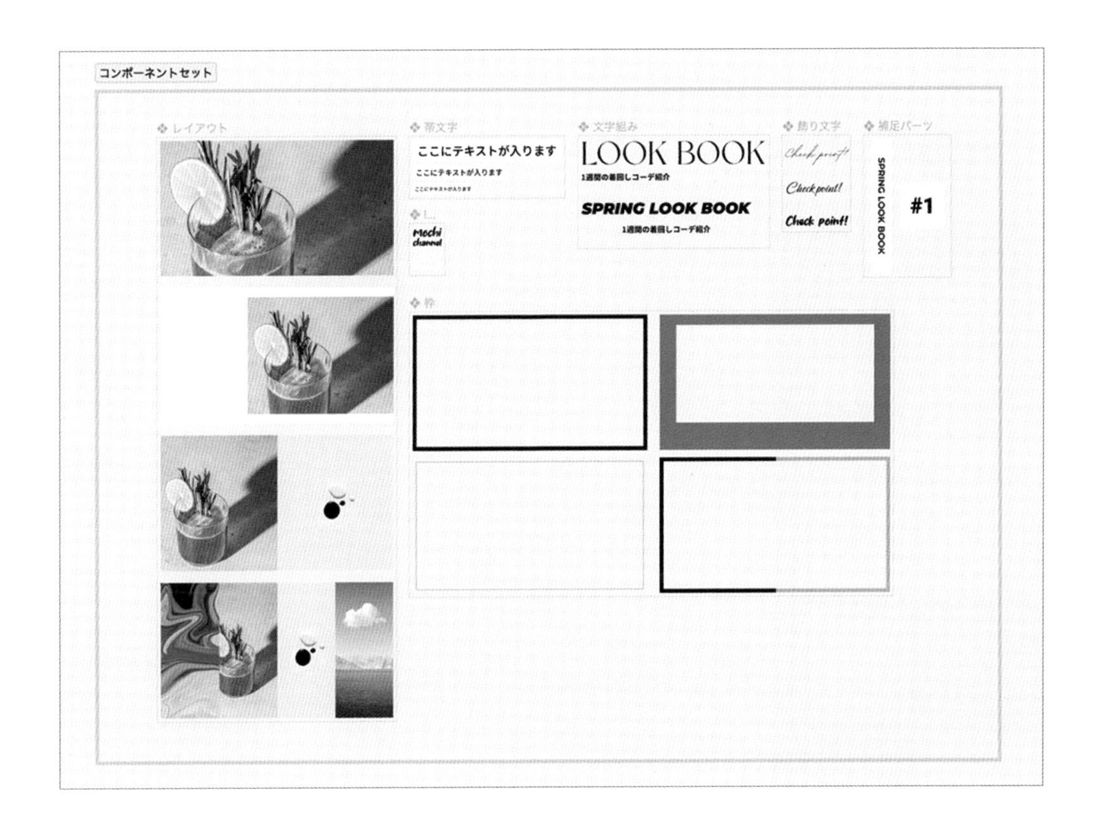

実践編

LESSON 24

サムネイルをデザインする

#YouTubeのサムネイル #デザイン

今までのレッスンで作成したパーツを使用して、サムネイルのデザインを完成させていきましょう。

サムネイルを作成する

これまでのレッスンで、YouTubeのサムネイルに必要なパーツを準備できました。パーツセットを使ってサムネイルのデザインを作成してみましょう。Figmaの左サイドバーを❶アセットタブに切り替えて、❷［ローカルコンポーネント］を開いてみましょう。これまでのレッスンで作成したパーツが並んでいます。

表示されているパーツはグリッド（サムネイル）表示ですが、［アセットを検索］の隣のアイコンより、リスト表示に変更することも可能です。

登録したパーツを使用するには、ドラッグ＆ドロップでキャンバスに配置します。例として、次のページの画面のように「レイアウト」をフレームに配置してみましょう。デザインタブの［レイアウト］にあるプルダウンメニューから、2分割レイアウトなどの他のパーツに置き換えられます。

フルレイアウトが表示できたら、左の画面のように2分割レイアウトに変更してみましょう。

パーツの置き換え方法が分かったら、左の画面のように登録したパーツを配置して、サムネイルを作成していきましょう。

大まかなレイアウトができたら、色やパーツの大きさを調整していきましょう。画像や色を変更することで、同じ配置でも以下の画面のように、異なる雰囲気のサムネイルを作成できます。画像パーツは選択後、Unsplashで画像をクリックすることで差し替えることができます。自前の画像に差し替える場合は、画像を選択して右クリックから［コピー／貼り付けオプション］▶［プロパティをコピー］でコピーし、画像パーツにペーストすればOKです。

自分で好きなパーツをコンポーネントセット化すれば、上の画面のようにパーツを組み合わせることでバリエーション豊富なサムネイルを短時間で作成できます。セットを作成するのは少々大変ですが、一度作成すれば量産が可能です。さまざまな組み合わせを楽しんでみてください。

実践編

CHAPTER 07

プレゼン資料を作成する

Figmaではプレゼン資料を作成することもできます。世界に1つだけの資料を作成しましょう。

実践編

LESSON 25

スタイルガイドを作成する

#プレゼン資料
#スタイル

プレゼン資料に使用するフォントや色を登録しましょう。登録したスタイルでテンプレートを作成します。

Figmaでプレゼン資料を作成するときには、最初にスタイルガイドを作っておくと、デザインの一貫性を保ちつつ作業を効率化できます。今回は以下の項目を最初に決めていきます。

- フォント
- 色
- レイアウトグリッド（LESSON 26を参照）

フォントサイズを決める

フレームのテンプレートから［プレゼンテーション］▶［スライド16:9］を選択し、フレームを作成します。フレーム内で大きさを比較しながら、各フォントのスタイルを決めていきましょう。

今回は右にまとめた6種類のパーツを「Noto Sans JP」というフォントを使用して作成します。ひと通り作成できたら、次のページの画面のようにレイヤー名を分かりやすいように変更しておきましょう。

スタイル設定

大見出し：96px
中見出し：64px
小見出し：44px
テキスト：32px
テキスト（小）：28px
キャプション：24px

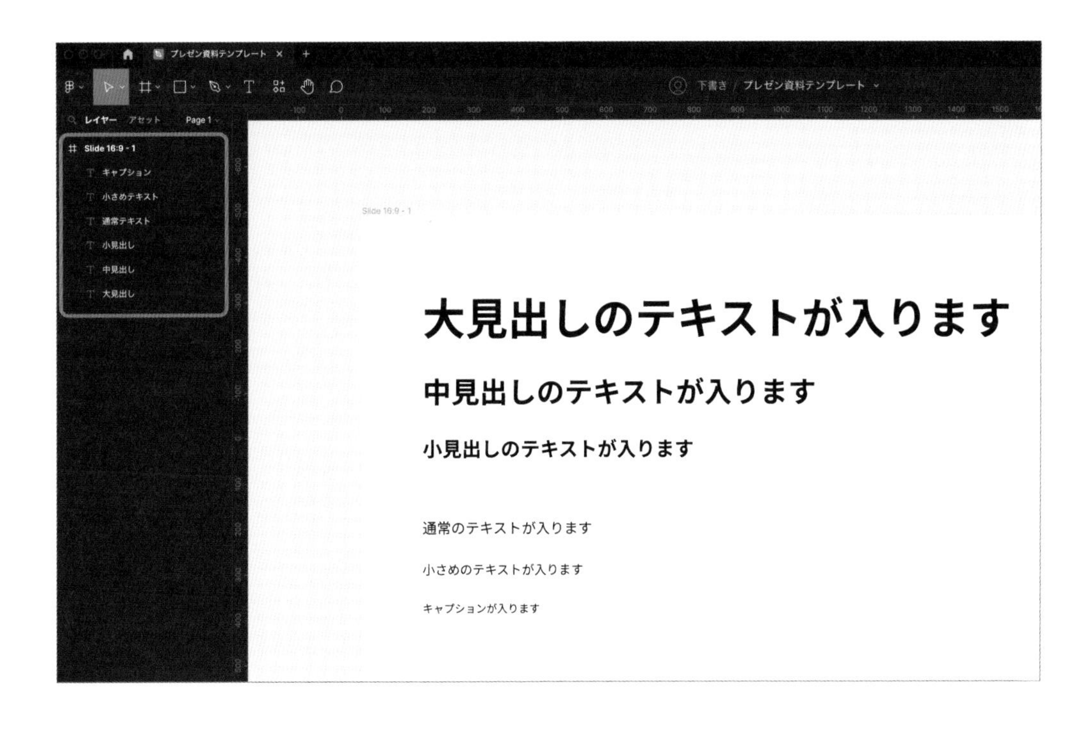

色を決める

フォントサイズが確定したら、プレゼン資料に使用する色を決めていきます。今回は以下の色で作成していきます。それぞれの色に塗った正方形を作成したら、フォントと同様に色も名前を変更しておきましょう。

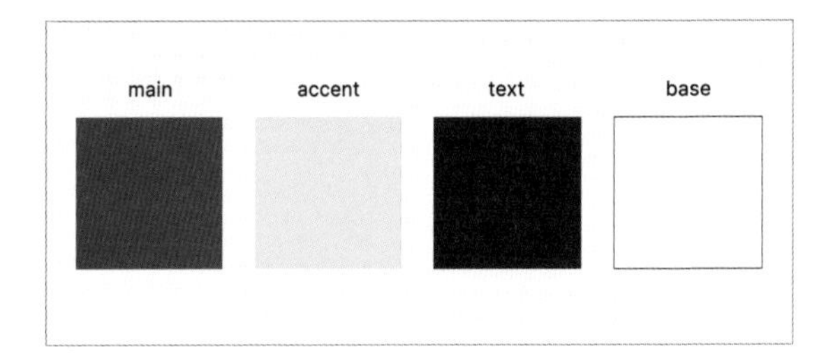

スタイル設定

メイン：#3B2CE2
アクセント：#E2F045
ベース：#FAFAFAFA
テキスト：#232323

スタイルを登録する

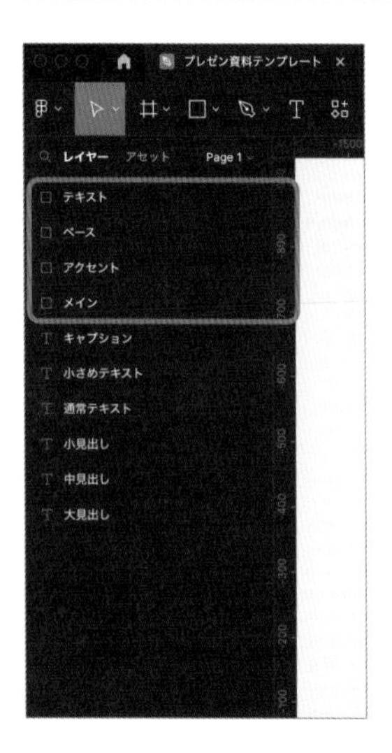

前のページで作成したフォントと色のスタイルを登録しましょう。登録には、カラーやテキストのスタイルをまとめて登録するプラグインの「Styler」を使用します。

まずは、フォントと色のレイヤーをすべて選択します。そしてStylerプラグインを検索し、実行アクションから[Generate Styles] を選択して実行しましょう。注意点として、左の画面のようにカラーのレイヤーをテキストレイヤーより上に並べておく必要があります。詳しい理由は明言されていませんが、長方形レイヤーがいちばん下にある状態だとプラグインが正常に機能しないようです。

前のページ下側の画面で［Generate Styles］をクリックすると、以下のようにFigmaの画面の下に通知が表示されます。今回はスタイルを10個登録したので、［Created］が10になっていれば、スタイルの登録がすべて成功していることになります。10より少ない場合は、失敗しているので注意しましょう。

ここまでで自動でスタイルを登録できました。オブジェクトの選択を外し、以下の画面のように右サイドバーにスタイルが登録されているか確認してみましょう。

通常は1つずつスタイルを登録しないといけませんが、Stylerプラグインを使用すると、一気にスタイルを登録できるので、効率化につながります。

実践編

LESSON 26

レイアウトグリッドを設定する

#プレゼン資料
#レイアウトグリッド

グリッド機能を使用してレイアウトグリッドを作成します。これによりレイアウトが決めやすくなります。

表紙や目次などのフレームを作成する前に、レイアウトを補助するためのレイアウトグリッドを設定しましょう。

フレームの周りに余白を作成する

はじめに、フレームの周りに余白を作成していきましょう。今回は、上下左右に100pxずつ余白をとります。フレームの周りに余白をとることで、中のコンテンツにまとまりが出て、見やすい資料になります。

100 × 100pxの正方形をフレームの四隅に配置します。四隅の正方形を基準に、上下左右にグリッドを引いていきましょう。フレームを選択して、右サイドバーにある［レイアウトグリッド］をクリックしてグリッドを追加します（LESSON 11を参照）。

次に、グリッドのアイコン部分をクリックして❶［グリッドの設定］パネルを開きます。［グリッド］と表示されているメニューを❷［列］に変更します。

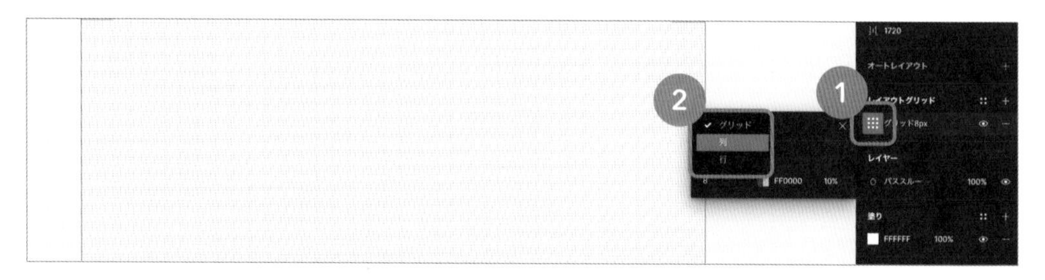

さらに、グリッドパネルを以下の画面のように設定します。

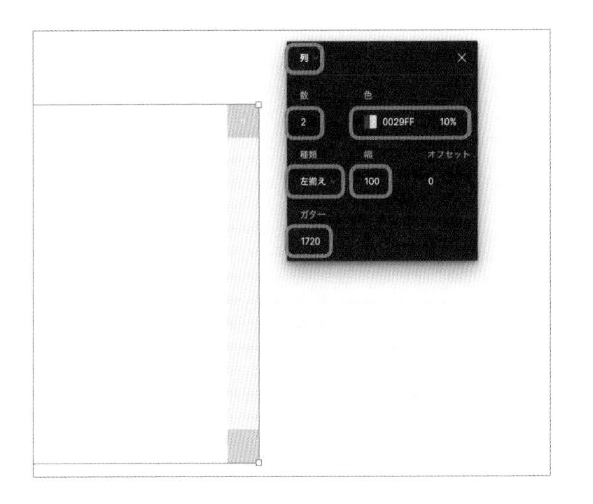

レイアウトグリッド設定

グリッド：列
数：2
色：0029FF　10%
種類：左揃え
幅：100
ガター：1720

これで左右の端にグリッドを設置できました。続いて、右サイドバーの［レイアウトグリッド］の［+］ボタンをクリックし、もう1つグリッドを追加します。［グリッド］を［行］に変更し、以下の画面のように設定しましょう。

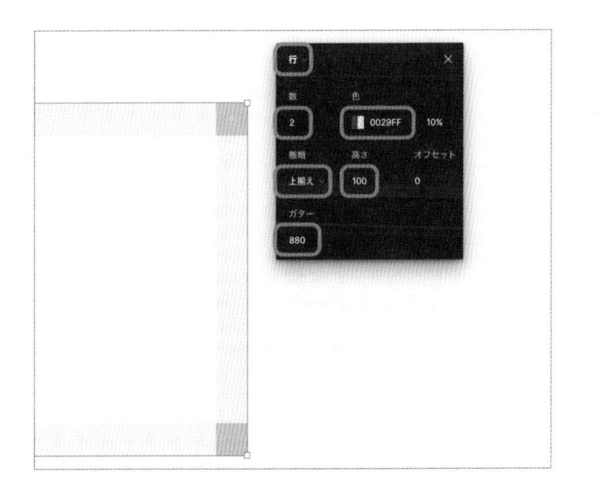

レイアウトグリッド設定

グリッド：行
数：2
色：0029FF　10%
種類：上揃え
高さ：100
ガター：880

これで上下左右に100pxのレイアウトグリッドを設定できました。四隅に配置している正方形のパーツは、削除しておいてください。

カラムのグリッドを入れる

今回は6カラムのグリッドを配置します。[レイアウトグリッド] の [+] ボタンをクリックし、さらにグリッドを追加します。グリッドを追加できたら、種類を [列] に変更しましょう。パネルの設定を以下の画面のように調整します。

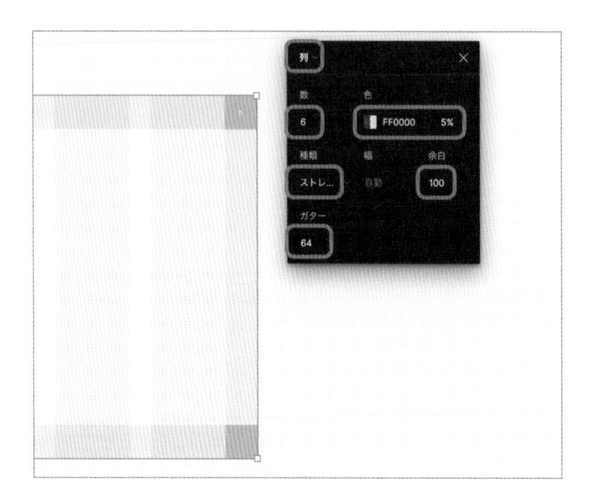

レイアウトグリッド設定

グリッド：列
数：6
色：FF0000 5%
種類：ストレッチ
幅：自動
余白：100
ガター：64

これでカラムの設定が完了しました。

スタイルに登録する

最後に、作成したレイアウトグリッドをローカルスタイルに登録し、いつでも使用できるように設定しましょう。

次のページの画面のように [レイアウトグリッド] にある [スタイル] をクリックします。グリッドスタイルパネルの右上にある [スタイルを作成] をクリックし、新しいグリッドスタイルを作成しましょう。名前を設定しなくても登録はできますが、より分かりやすくするために「6カラムレイアウトグリッド」といった名前を付けるとよいでしょう。

❶［レイアウトグリッド］の［スタイル］(■) をクリックする
❷［スタイルを作成］をクリックする
❸ スタイルの名前を入力する
❹［スタイルの作成］から、スタイルを登録する

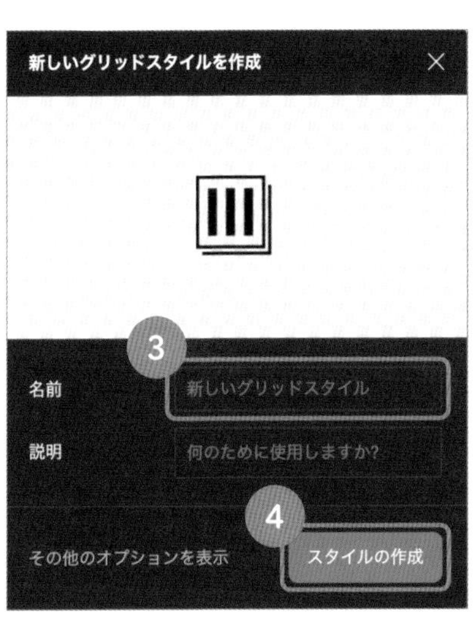

カラム数ってどうやって決めればいいの？

カラム数を決める際には、コンテンツの種類と量、そしてデザインの全体的なバランスを考慮する必要があります。多くのテキストを扱う場合、より多くのカラムを設けることで、テキストを小さな単位に分割し、読みやすくできます。しかし、ビジュアルが主なコンテンツである場合や、特にクリーンなデザインを目指している場合は、少ないカラム数のほうが適していることもあります。多くのカラムを使用すると細かいグリッドとなり、情報を柔軟に配置できるメリットがありますが、一方でデザインが複雑になり、視覚的な混乱を招く可能性があることを覚えておきましょう。

実践編

LESSON 27

スライドのデザインを作成する

#プレゼン資料
#デザイン

レイアウトグリッドとスタイルを使用して、スライドをデザインしていきましょう。

主要なスライド画面を作成していきます。今回は以下のスライドを作成してみましょう。

- 表紙
- 目次
- 中表紙
- 基本ページ
- 最終ページ

表紙を作成する

［プレゼンテーション］▶［スライド16.9］よりフレームを配置したら、［レイアウトグリッド］の［スタイル］から前のレッスンで作成した6カラムのレイアウトグリッドを選択します。

レイアウトグリッドが表示されたら、タイトルやサブタイトル、日付、名前、あしらいといった表紙に必要な情報を配置していきましょう。右の要素を、LESSON 25で作成したテキストスタイルを適用して作成します。

テキストスタイル設定

タイトル：大見出し
サブコピー：中見出し
日付・名前：テキスト

前のページの画面でタイトルの上に表示されている「Today's Topic」というあしらいは、［色スタイル］のメインカラーに設定した長方形の上にテキストを入力し、グループ化して作成しています。すべてのテキストを入力したら、プレゼンテーションモードで配置を確認します。このタイミングでフォントのカラーを変更してもよいでしょう。

オートレイアウトを設定する

文字数や行数の増減があってもレイアウトが整って表示されるように、オートレイアウトを設定します。まずはタイトル、サブコピー、あしらいをまとめて選択して、オートレイアウトを適用します。オートレイアウトを適用できたら、以下の画面のように配置を［中央揃え］に設定しましょう。

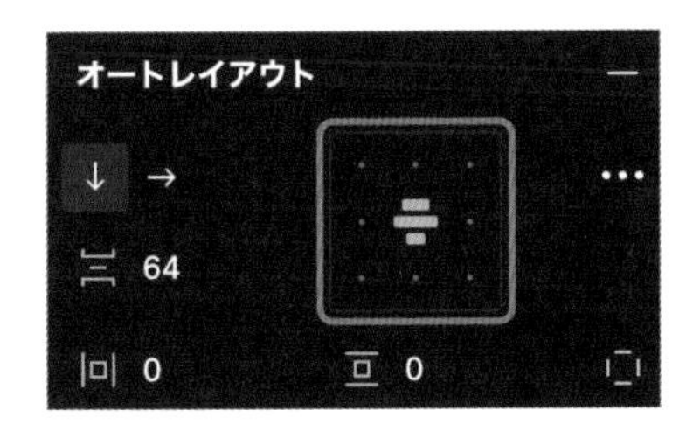

［中央揃え］に設定したら、オートレイアウトの青枠をレイアウトグリッドに沿って、次のページの画面のように広げます。青枠を広げたら表紙は完成です。

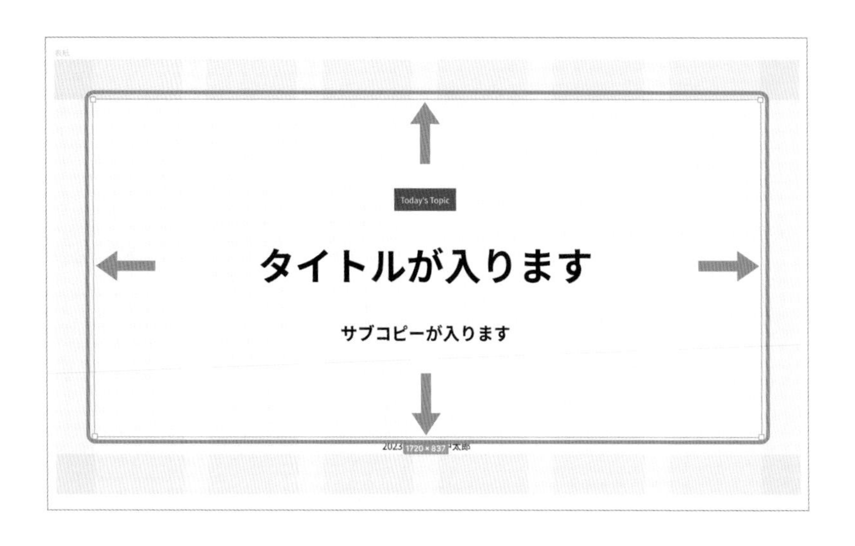

オートレイアウトの枠を広げる理由

オートレイアウトの枠を広げると、テキストをその枠内で中央配置にできます。これによりタイトルが2行、3行になっても中央配置が保たれます。しかし、枠を広げていないと、テキストの増減によって配置がずれてしまいます。

目次を作成する

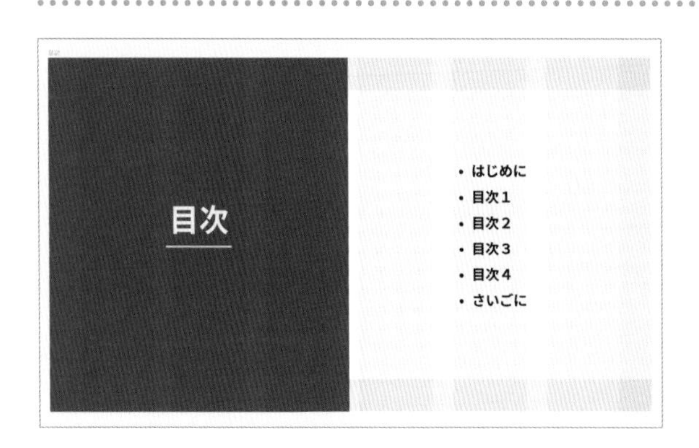

目次を作成しましょう。左の画面では、左側にタイトル（「目次」）、右側にテキスト（目次の内容）を配置しています。テキストはテキストスタイルの中見出しを設定しています。

タイトルのカラーは、LESSON 25で設定した［色スタイル］のメインカラーを使用しています。「目次」の下線は、テキストにオートレイアウトを付けた状態で［線］パネルで太さを6pxにし、［色スタイル］のアクセントカラーを設定しましょう。そうすることで、テキストが長くなっても、下線もテキストの長さに合わせて長くなります。

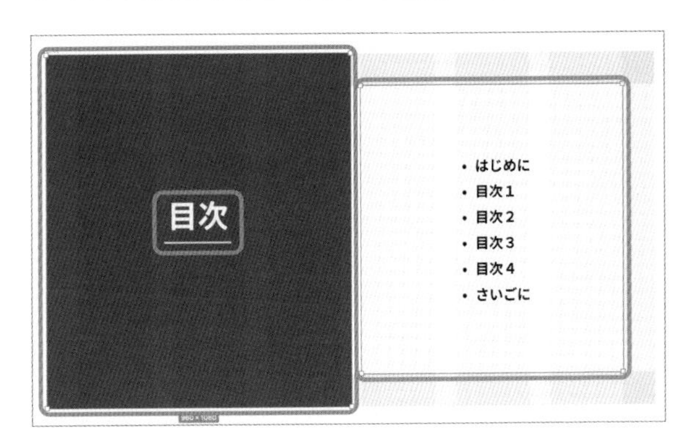

表紙と同様にオートレイアウトを設定して、左の画面のように青枠を広げておきましょう。

中表紙を作成する

中表紙は、スライドの後ろに画像を配置します。「Unsplash」プラグインより検索した画像を挿入したら、その上にLESSON 25で設定した［色スタイル］のメインカラーを設定した長方形を30％程度透過させて、次のページの画面のように重ねます。

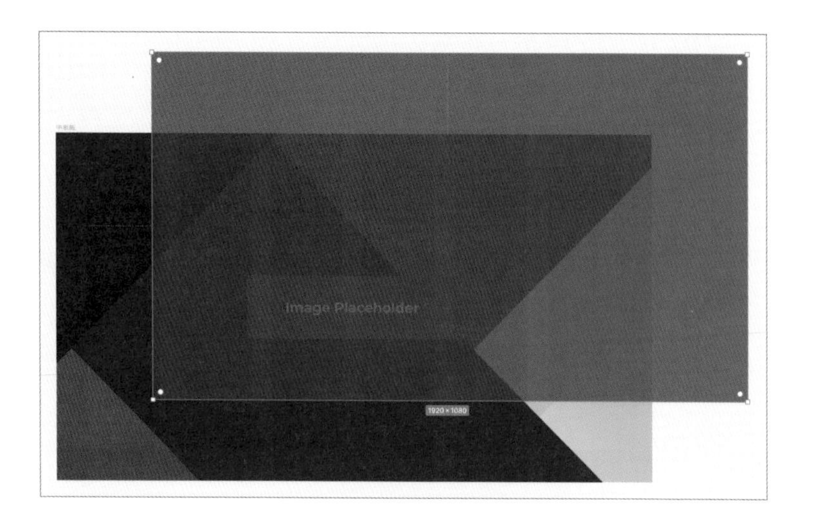

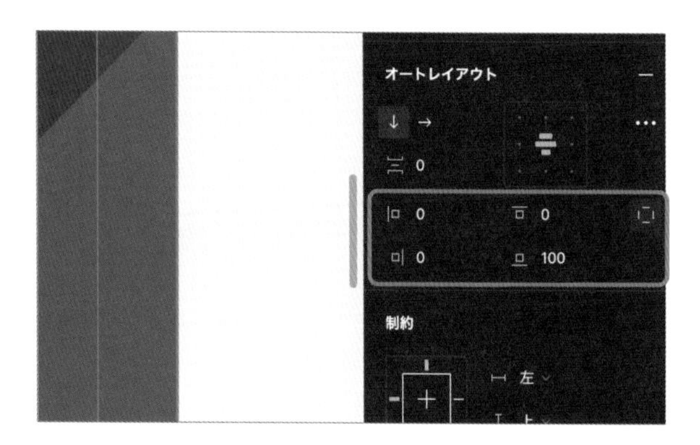

［色スタイル］を設定した長方形の上に番号とタイトル、あしらいを入力します。さらに、表紙と同様の手順でオートレイアウトを設定します。オートレイアウトのパディングから、配置の微調整が可能です。

基本ページを作成する

プレゼン資料のメインである基本ページを、以下の3つの型に分けて作成していきましょう。基本ページもオートレイアウトの設定が必要です。

- 1カラム型
- 2カラム型
- 3カラム型

1カラム型

1カラム型では、レイアウトグリッドの真ん中にテキストを入力していきます。

スタイル設定

見出し：小見出し／
メインカラー
本文：テキスト

2カラム型

2カラム型では、左上に見出しを配置します。本文は、レイアウトグリッドを2分割して入力しましょう。

スタイル設定

見出し：中見出し／
メインカラー
本文見出し：小見出し／
メインカラー
本文：テキスト

3カラム型

3カラム型も2カラム型と同様に、左上に見出しを配置します。本文は、レイアウトグリッドを3分割しています。

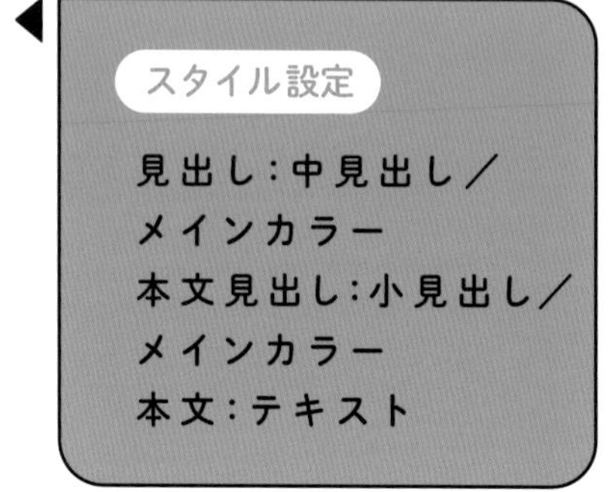

そのほか、以下の画面にある「Image Placeholder」のように、画像を入れることを想定したレイアウトを作成しておくと、プレゼン資料の幅が広がります。

スライドを階層化する

スライドに名前を付ける際、「/」を入れるとコンポーネント化した際にディレクトリ（階層）が作成されます。データを整理するときに便利なので覚えておきましょう。

例：「基本/1カラム型」「基本/2カラム型」と名前を付けた場合の階層構造

→ 基本
　├ 1カラム型
　└ 2カラム型

最終ページを作成する

最後に、最終ページを作成していきましょう。レイアウトグリッドの上に［色スタイル］のメインカラーを使用した長方形を重ねます。透過レイヤーの不透明度を100%にしてベタ塗りにし、テキストを入力しましょう。

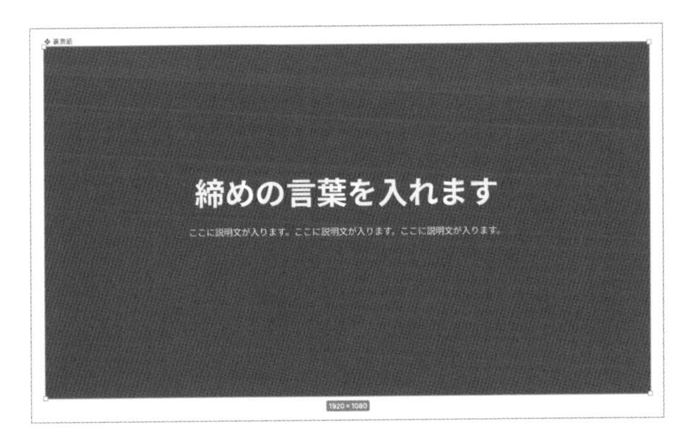

スタイル設定

見出し：中見出し
本文：テキスト

テンプレートをコンポーネント化する

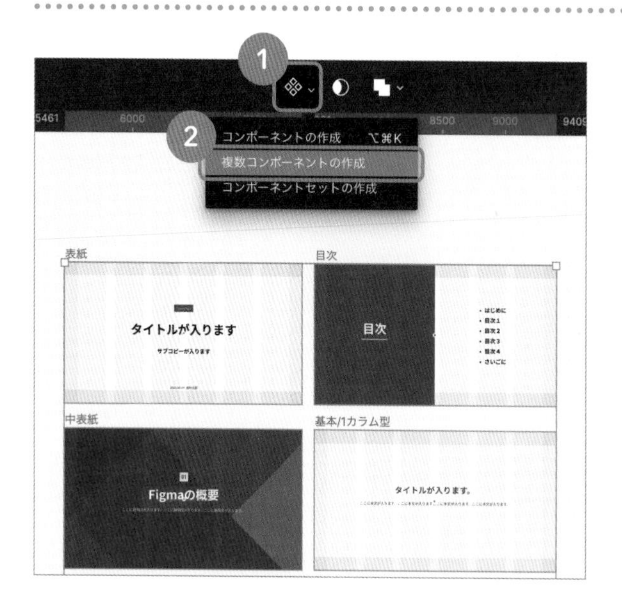

ここまでの手順で作成したテンプレートをコンポーネント化しましょう。すべてのフレームを選択して、ツールバーの❶［コンポーネント］から❷［複数コンポーネントの作成］を選択します。

左サイドバーのアセットタブに、左の画面のように一覧で表示されていれば完成です。

［コンポーネントセットの作成］（バリアント）にしない理由

コンポーネントセットにしてしまうと、アセットタブでは1つのパーツと認識されてしまい、どのような種類のコンポーネント（パーツ）が包括されているのか分かりません。それぞれを個別のコンポーネントにすることで、アセットタブで一覧表示でき、すぐに使いたいテンプレートを呼び出せます。

実践編

LESSON 28 #プレゼン資料

テンプレートを使って資料を作成する

これまでのレッスンで準備は完了しました。早速テンプレートを使用して資料を作成しましょう。

表紙を作成する

まずは［プレゼンテーション］▶［スライド16.9］よりフレームを選択します。フレームを選択し、左サイドバーのアセットタブより、前のレッスンで作成した表紙をフレームにドラッグして配置します。

テキストを入力する

フレームにはダミーテキストが入力されているので、以下の画面のようにテキストを打ち替えていきます。プレゼンテーションモードを利用して、配置がおかしくないか確認しながら作成していきましょう。

Today's Topic

Figmaでプレゼン資料を
きれいにつくる方法

オートレイアウトを使ってキレイなレイアウトを

2023.XX.XX もちたろう

目次を作成する

次に目次を作成していきます。まずは、先程作成した表紙を複製しましょう。複製したら、テンプレートのコンポーネントを選択し、右サイドバーの［インスタンスの入れ替え］で目次に変更します。

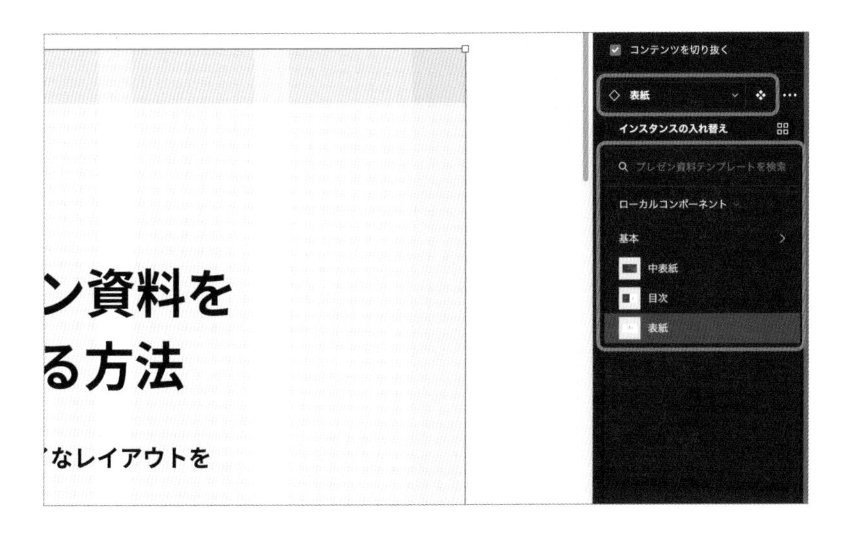

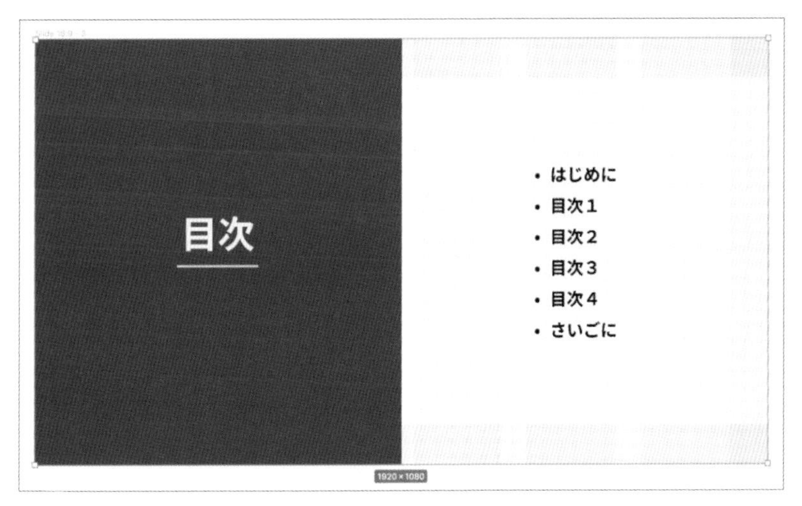

目次に変更できました。以下の画面のようにテキストを打ち替えましょう。

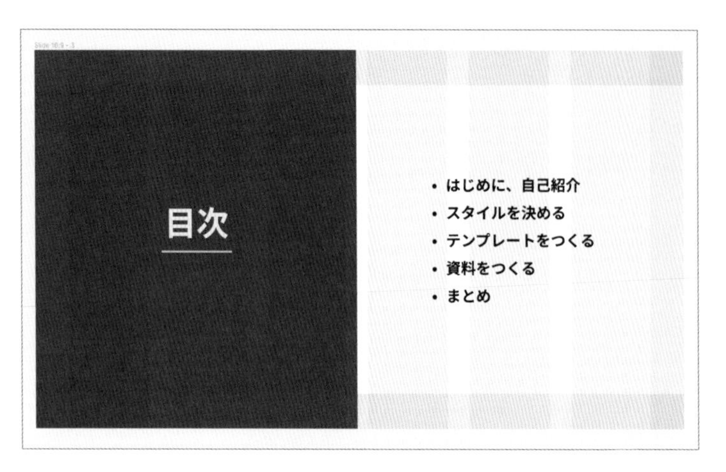

中表紙を作成する

目次と同様の手順で中表紙を作成していきます。以下の画面のように、背景に配置してある画像を変更してもよいでしょう。目次に沿って中表紙を増やしていきます。画像を変更する場合は、左サイドバーの［レイヤー］パネルから画像レイヤーを選択すると、簡単に変更できます。

資料の中身を作成する

前のレッスンで作成した基本ページを利用して、資料の中身を作成していきます。以下の画面のように中表紙の隣にフレームを配置して、アセットから基本ページのコンポーネントを選択しましょう。そうすることで、視覚的に整理され分かりやすくなります。

最終ページを作成する

最後に、他のページと同様の手順で最終ページを配置し、最終ページの文字を打ち替えます。これでページの作成は完了です。

順番を確認する

Figmaはフレームの配置場所によって、自動で表示順を調整する機能があります。前のページの並べ方で作成すれば、ページを後から足したり移動したりしても自動で調整されます。プレゼンテーションモードで順番を確認してみましょう。

スライドの作成に役立つリソースを知る

Figmaには、プレゼン資料の作成に役立つテンプレートやプラグインがあります。

和文向けのスライドテンプレート

自分で最初からスライドを作成する時間がない場合は、スライドテンプレートを利用しましょう。以下のテンプレートは日本語での利用を想定したレイアウトになっています。

▶ わぶんスライド -Presentation template for japanese text-
https://www.figma.com/community/file/1005896624716756154

▶ 和文向けシンプルスライド - simple slide template
https://www.figma.com/community/file/1091636100761040961

自動でページ番号を振るプラグイン

「Paginate」プラグインは、自動でページ番号を振るプラグインです。プレゼン資料にページ番号を振りたい場合は、こちらのプラグインを使いましょう。

▶ Paginate
https://www.figma.com/community/plugin/805217025770129636

実践編

LESSON 29

資料をPDFで書き出す

プレゼン資料
PDF

プレゼン資料をPDFで書き出したいニーズも多いと思うので、PDFに書き出す手順も見ていきましょう。

Figmaのエクスポート機能を使用すれば、PDFで書き出せます。しかし、複数ページを1つのPDFファイルに結合して書き出すことはできません。1枚1枚バラバラのPDFとして書き出されてしまいます。まとめて1つのPDFにするには、次の方法を試してみましょう。

PDFに書き出す準備をする

PDFを書き出す前に、表示順にファイルが並ぶようにファイル名を付けておきましょう。

レイヤーの順番を入れ替える

まずは、左の画面のようにオブジェクトやレイヤーの並び替えを行うためのプラグインである「Sorter」プラグインを検索します。その後、［実行］のメニューから［Sort Position］を選択しましょう。これでレイヤーの順番がフレームの配置とそろいました。

レイヤー名を一括変更する

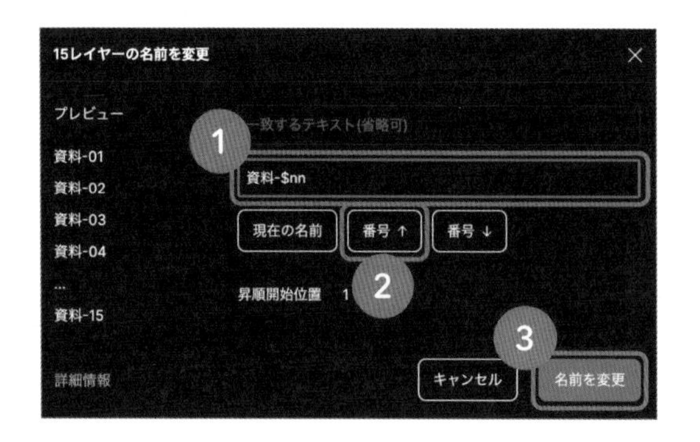

次に名前を一括変更します。フレームをすべて選択したら、Macは[command]+[R]を、Windowsは[Ctrl]+[R]でリネームパネルを起動します。❶［変更後の名前］に名前を入力したら❷［番号↑］を選択して、❸［名前を変更］をクリックします。

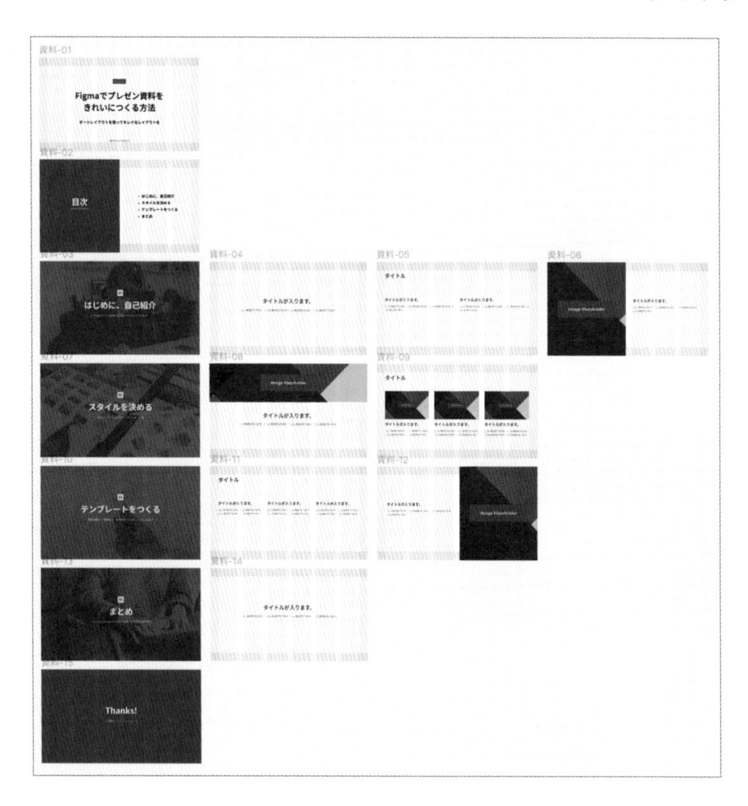

ここでは「資料-01」「資料-02」……といった連番になるように設定しました。上の画面のように、レイヤー名が一括変更されました。

PDFに書き出す

プラグインを利用する

Figmaで作成したデザインをPDFに書き出せる「Pitchdeck Presentation Studio」プラグインを利用すれば、複数ページを1つのファイルに結合して書き出すことが可能です。

Pitchdeck Presentation Studioプラグインを実行し、表示された画面の右上にある❶[Export Presentation]または[Export]をクリックします。次に[Select Presentation Export Format]から❷[PDF Deck]を選択しましょう。

❸［Export to PDF］をクリックするとPDFの書き出しが開始されます。なお、PDFファイルにパスワードを設定したい場合は❹［Require a password to open the PDF file］のスイッチをオンにしてパスワードを入力しましょう。

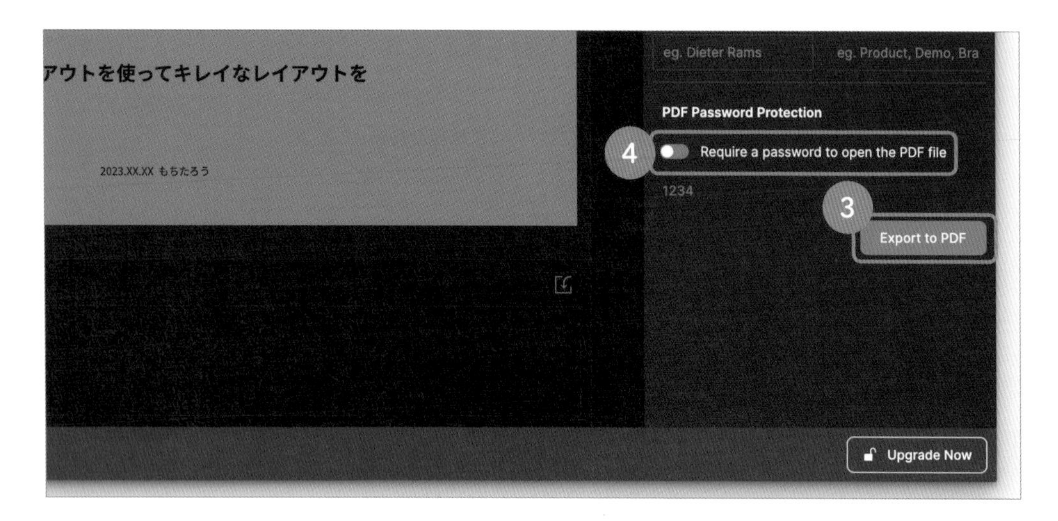

以下の画面のように［Download your .pdf file］からファイルをダウンロードできます。

Pitchdeck Presentation Studioプラグインは無料で使える？

Pitchdeck Presentation Studioプラグインはスライド資料にアニメーションを付けたり、PowerPoint／Google Slides／Keynoteのデータ形式で書き出したりできるなど、機能が豊富なプラグインです。メインの機能を使うには有料プランへの登録が必要（無料で10回試せる）ですが、PDFの書き出しはずっと無料プランで利用できます。

Macのデフォルト機能を利用する

Macの場合、PDFデータを1つにまとめる機能があります。この機能を利用するには、すべてのフレームを選択してPDFに書き出します。このとき、新規フォルダを作成して、そこにPDFを格納すると、データがバラけることがなく管理しやすくなります。

以下の画面のように、Figmaから書き出した資料のPDFをすべて選択して右クリックし、❶［クイックアクション］▶❷［PDFを作成］を選択します。

以下の画面のように、すべてのPDFを1つにまとめたPDFファイルが作成されました。

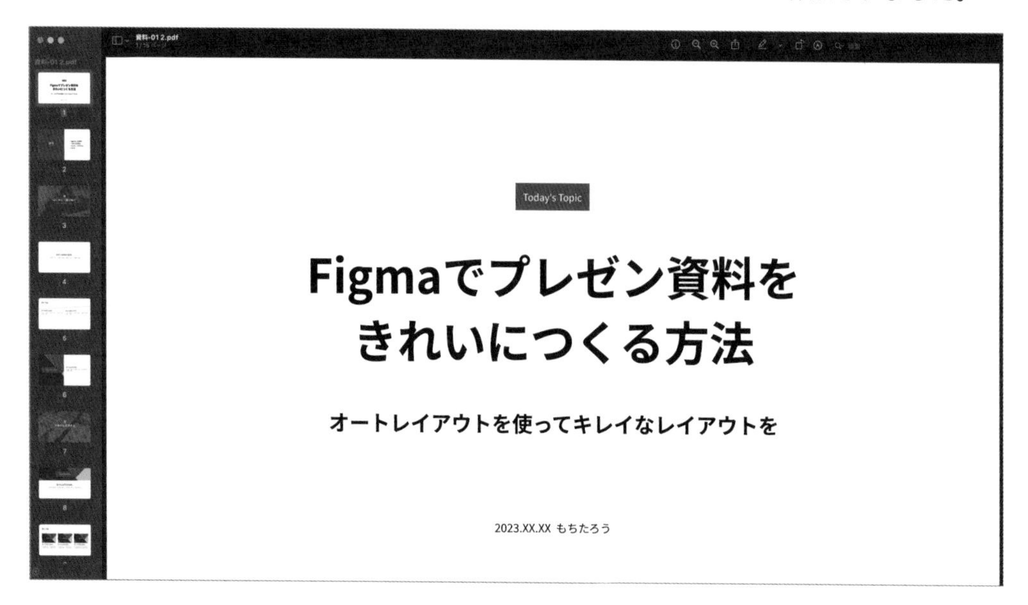

クイックアクションに［PDFを作成］メニューがない場合

Macの［システム環境設定］画面から［拡張機能］を開きます。[Finder］メニューの［PDFを作成］にチェックが付いているか確認しましょう。チェックが付いていれば、クイックアクションに表示されます。

Adobe Acrobat オンライン無償版を利用する

Adobeが提供しているPDF編集ツール「Adobe Acrobat」のオンライン無償版でも、PDFの結合が行えます。有料版と比較すると機能に制限がありますが、PDFの結合については無償版でも可能です。

▶Adobe Acrobat オンライン無償版 PDF結合のページ

https://www.adobe.com/jp/acrobat/online/merge-pdf.html

実践編

CHAPTER 08

名刺を作成する

Figmaで紙のデザインをしてみましょう。本章では名刺の作り方を学んでいきます。

実践編

LESSON 30

印刷を前提にデザインを作成する

#紙のデザイン #名刺 #エクスポート

PDFに書き出しができる「エクスポート」機能を使用して、名刺をデザインしましょう。

本レッスンで作成する名刺のデザインは以下の通りです。名刺の表面が左側のデザイン、裏面が右側のデザインとなっています。

Figmaで紙のデザインを作るときの注意点

Figmaでは、PDFへの書き出しができるエクスポート機能を使用することで、名刺やパンフレットといった印刷物のデザインも作成できます。しかし、もともとはデジタルプロダクトのデザイン制作に特化したツールなので、印刷用のデータを作成する場合には、以下のような注意すべき点があります。

- CMYK形式に対応していない
- 単位がpxしかない
- PDF入稿に対応した印刷会社に依頼する必要がある

これらの点に注意しつつ、名刺用のデータを作成してみましょう。

名刺のデザインを作成する

フレームを作成する

最初にフレームを2枚作成しましょう。表と裏のデザインを作成するので、フレームが以下の画面のように2枚必要になります。

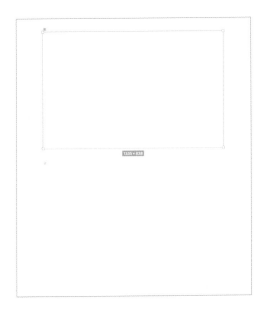

日本の名刺のサイズは91 × 55mmなので、まずはpxに置き換える必要があります。通常、名刺は350dpiで印刷されるため、pxに置き換えると「1253 × 756px」になります。

さらに、塗り足しを考慮して天地に上下左右3mm（41px）ずつ、計82pxを加えて「1335 × 838px」でフレームを作成します。

塗り足しとは？

印刷時に断裁やカットをした際、0.1mm単位から1mm単位のズレが発生する場合があります。その場合、デザインが断裁線やカットラインのギリギリまでしか用意されていないと、ズレた箇所が余白として残ってしまい、意図したデザインとは変わってしまいます。これを防ぐため、印刷用のデータを作成するときには、断裁線やカットラインより外側にも背景の色やデザインを配置します。これを「塗り足し」といいます。

ガイドを作成する

塗り足し部分にガイドを引きます。左の画面のように、上下左右41pxのところにガイドを引きましょう。

載せる情報を入力する

名刺に載せる情報をテキストツールでフレームに入力していきます。今回は以下の内容を掲載しましょう。

- 名前
- 肩書
- メールアドレス
- 電話番号
- ポートフォリオサイトのURL・QRコード
- ロゴ

QRコードは、プラグインを使うと簡単に作成できます。今回は次のページの画面のように、「QR Code Generator」というプラグインを使って作成しています。

テキスト設定

名前：田中餅太郎／Mochitaro Tanaka
肩書：Designer
メールアドレス：mochi.tanaka@example.com
電話番号：080-XXXX-1234
ポートフォリオサイトのURL・QRコード：mochi-tanaka-portforiosite.com
ロゴ：mochi Design

以上ですべての情報がそろいました。この段階では、細かくレイアウトする必要はありません。

レイアウトを整える

次はレイアウトを整えていきましょう。ひと通りレイアウトが整ったら、フォントのサイズや文字間なども調整します。左の画面のように、裏面のフレームにはロゴを配置しました。

色や装飾を追加する

レイアウトが決まったら、上の画面のように色や装飾を足していきましょう。併せてレイアウトやパーツの最終調整も行います。アイコンやイラスト・写真を足してもよいでしょう。ガイドラインは書き出した画像には表示されないので、削除する必要はありません。

デザインが完成したら、印刷会社に入稿する準備をしましょう。

レイアウト設定

- 表面
  色：#F1EAE0
- 裏面
  色：#ED6335
- 名前（漢字）
  フォント：Zen Maru Gothic（Bold）
  フォントサイズ：80px
  色：#074B70
- 名前（ローマ字）
  フォント：Montserrat（Bold）
  フォントサイズ：28px
  色：#074B70
- 電話番号・メールアドレス・URL
  フォント：Montserrat（Medium）
  フォントサイズ：29px
  色：#074B70
- ロゴ
  フォント：Stress
  フォントサイズ（mochi）：150px
  フォントサイズ（Design）：120px
  色：#F1EAE0

PDFで書き出す

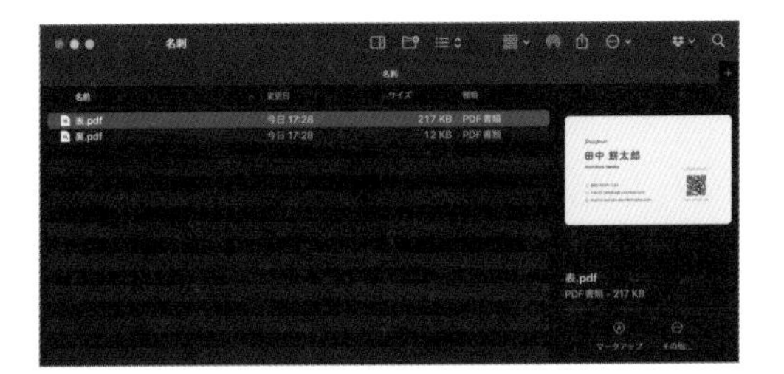

エクスポート機能を使ってPDFで書き出します。フレームを選択して、デザインタブの［エクスポート］から［PDF］を選択してエクスポートしましょう。

文字のアウトライン化は必要？

基本的にPDFにはフォントが埋め込まれるため、アウトライン化の必要はないといわれています。しかし、特殊なフォントを使用している場合や、印刷会社によってはアウトライン化が必要な場合もあるようです。印刷会社のWebサイトなどで確認しておくとよいでしょう。

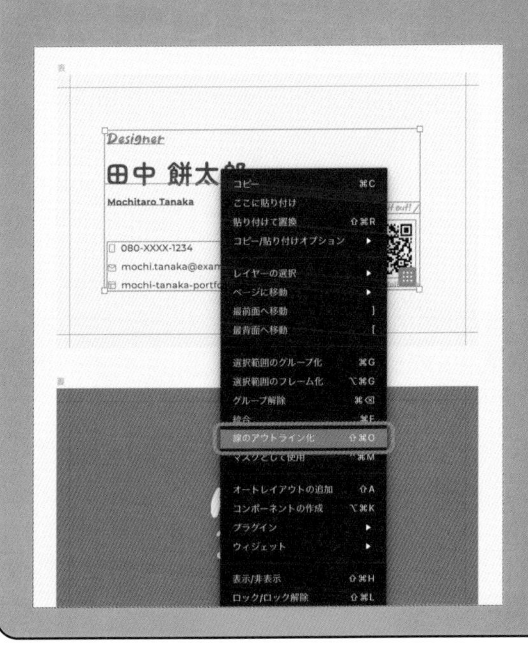

Figmaではテキストを選択し、右クリックすると表示される［線のアウトライン化］から文字をアウトライン化できます。

印刷時の色を確認する

本来、印刷用のデータはカラーモードをCMYK形式にして作成する必要があります。しかし、FigmaではRGBからCMYKへの変換ができないので、RGB形式のまま書き出すことになります。その場合、モニターで見ている色よりも、印刷された色がくすんでしまう可能性があります。

印刷時の色が気になる場合は、事前にオンラインツールでCMYK形式のデータに変換して確認しましょう。また、印刷所への入稿前に、手元のプリンターで印刷して確認するのもおすすめです。

▶PDFをCMYKに変換するオンラインツール「PDF To CMYK」
https://pdf-editor-free.com/ja/PDF-to-CMYK/

準備ができたら入稿しましょう。入稿方法は印刷会社によって異なるので、各社のWebサイトなどを確認してください。

紙サンプル（ペーパーカタログ）があると便利

印刷物は同じデザインでも、どの用紙に印刷するかによって、印象が大きく異なります。そのため、デザインに適した用紙を選ぶことが重要です。印刷会社では、紙サンプルを用意していることが多いので、取り寄せて手元に置いておくと便利です。ただし、取り寄せは有料の場合もあるので、事前に確認しましょう。

実践編

CHAPTER 09

Webサイトのデザインを作成する

架空のレストランのWebサイトを例に、FigmaでWebサイトを作成する流れを見ていきましょう。

実践編

LESSON 31

Webサイト制作の流れを学ぶ

#Webサイト
#サイトマップ
#設計

ここではWebサイト制作の工程のうち、企画・設計からコンセプトシートの作成までを扱います。

Webサイト制作の流れに明確な決まりはありませんが、基本的には以下のような流れで進めることが多いです。本レッスンと以降のレッスンで、順に見ていきましょう。

1. 企画・設計（本レッスン）
2. 情報設計（本レッスン）
3. コンセプトシートの作成（本レッスン）
4. ワイヤーフレームの作成（LESSON 32を参照）
5. ビジュアルデザインの作成（LESSON 34を参照）
6. プロトタイピング
7. デザインデータの共有（LESSON 35を参照）
8. 実装
9. 公開

企画・設計

Webサイトの目的やターゲット像など、Webサイト制作に必要な情報を概要としてまとめます。そして必要なページ数を洗い出し、サイトマップを作成しましょう。今回は次のページにある図表31-1をもとに、架空のレストランのWebサイトを作成します。

図表31-1 制作するWebサイトのコンセプト

概要	内容
名前	Honey Bee（ハニービー）
ジャンル	ハチミツ料理
コンセプト	自家製ハチミツを使った創作料理を提供するカフェレストラン
キャッチコピー	Welcome to the sweet, healthy paradise of honey! 甘くて、ヘルシーなハチミツの楽園へようこそ！
人気の料理	ハニーチキンカレー／ハニートースト／ハニーレモンティー
シェフの開業に至った想い	自分で養蜂を始めたことがきっかけで、さまざまな種類や風味のハチミツに魅了され、それらを料理に生かしたいと思った。また、人々に自然と健康に優しい食材であるハチミツの魅力を伝えたいという想いもあった。
場所	都心から少し離れた緑豊かな住宅街にある一軒家を改装した店舗
雰囲気	ナチュラルで温かみのあるインテリア。店内にはシェフが育てた植物が飾られており、窓からは庭園が見える。音楽はジャズやアコースティックギターなどの落ち着いた曲が流れている。
ターゲット	女性やカップル、家族連れなど、幅広い年代層。特に自然や健康に関心が高い人々
価格帯	リーズナブルで手頃な価格設定。平均予算は1,500円〜2,000円程度
Webサイトの目的	認知向上、予約数増加

情報設計

サイトマップを作成する

Webサイトのコンセプトが決まったら、次のページの図のようにFigmaでサイトマップを作成しましょう。まずはFigmaで新規ファイルを作成し、ファイル名を「Honey Bee Webサイト」に変更します。サイトマップは4ページですが、今回はトップページのみ作成しました。

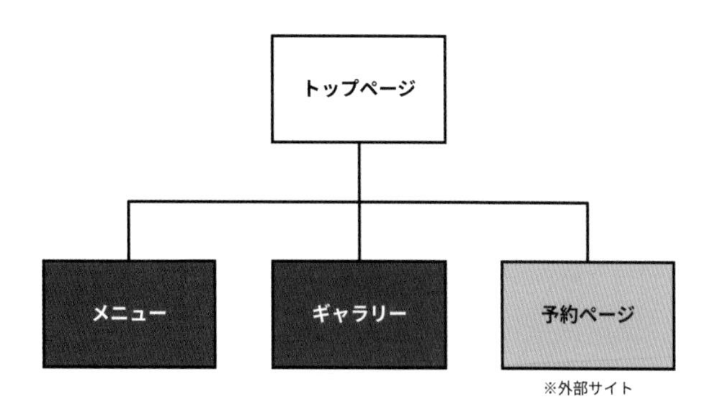

コンテンツ設計を考える

次に、Webサイトにどのような情報を、どのような順番で掲載するのかというコンテンツ設計を考えます。今回はレストランのサイトなので、次の表のような構成と内容にします。

図表31-2 制作するWebサイトのコンテンツ設計

概要	内容
FV（ファーストビュー）	ハチミツ料理の写真、店内の雰囲気が分かる写真、キャッチコピー
About	Honey Beeのウェルカムメッセージ、自家製ハチミツを使った創作料理の特徴紹介、店舗の外観や内装の写真
メニュー	人気の料理の紹介（ハニーチキンカレー／ハニークレープ／ハニーレモンティーなど）、その他のハチミツを使用した料理の紹介、価格帯の明記（平均予算：1,500円～2,000円程度）
シェフの想い	シェフの開業に至った経緯、養蜂とハチミツに対する情熱と魅力、ハチミツを活用した料理の提供と健康への配慮
ギャラリー	ナチュラルで温かみのあるインテリアの紹介、店内で育てた花や植物の写真、庭園や窓からの眺め
店舗情報	住所とアクセス方法、予約方法（電話番号／オンライン予約フォーム）、営業時間
お問い合わせ&予約フォーム	お問い合わせフォーム、もしくは予約フォーム（別サイト）への遷移

コンセプトシートの作成

このレストランの「らしさ」を表現するために、参考サイトを集めたり調査をしたりしてコンセプトシートを作成します。

コンセプトシートとは、デザインプロジェクト（案件）に関するアイデアやビジョンを明確化し、チーム内で共通認識を持つことと、ガイドラインとしての使用を目的とした資料です。クライアントとのコミュニケーションにも役立ちます。

コンセプトシートでは通常、プロジェクトの目的やターゲット、デザインの方向性、カラーパレット、タイポグラフィ、素材、イメージなどを定義します。このうち最低限、カラーパレットと使用するフォントは決めておきましょう。今回のコンセプトシートは以下のように作成しています。

以上でデザインに入る前の準備が完了しました。

実践編

LESSON

32

#Webサイト
#ワイヤーフレーム

ワイヤーフレームを作成する

Figmaで Webサイトのワイヤーフレームを作成しましょう。作成時の3つのポイントも紹介します。

前のレッスンで作成したサイトマップをもとに、ワイヤーフレームを作成していきます。デザインの作りこみは次のフェーズで行うので、ワイヤーフレームの段階では厳密にレイアウトを作成する必要はありません。必要な要素は何か、どの情報にどれくらいの面積を使うのかを意識して作成しましょう。

フレームを作成する

Figmaでフレームツールを選択し、デザインタブの［フレーム］▶［デスクトップ］▶［ワイヤーフレーム］より、フレームを新規で作成します。分かりやすいようにフレーム名を「Wireframe - TOP」に変更しておきましょう。

ガイドを引く

LESSON 18のように、コンテンツ幅を決めて左右にガイドを引きましょう。今回はコンテンツ幅が1280pxになるようにガイドを引いています。併せて、フレームの中央にもガイドを引くと、レイアウトがしやすくなります。

ワイヤーフレームを作成する

ワイヤーフレームを作成する順番に決まりはありませんが、次のページの画面のようにヘッダー▶メインビジュアル▶コンセプト……というように、Webサイトの上から順番に作成することが多いです。フレームの隣に、情報設計のアウトプットをテキストもしくは画像で配置しておくと、他ツールと行き来せずに確認できるので効率的に作業できます。

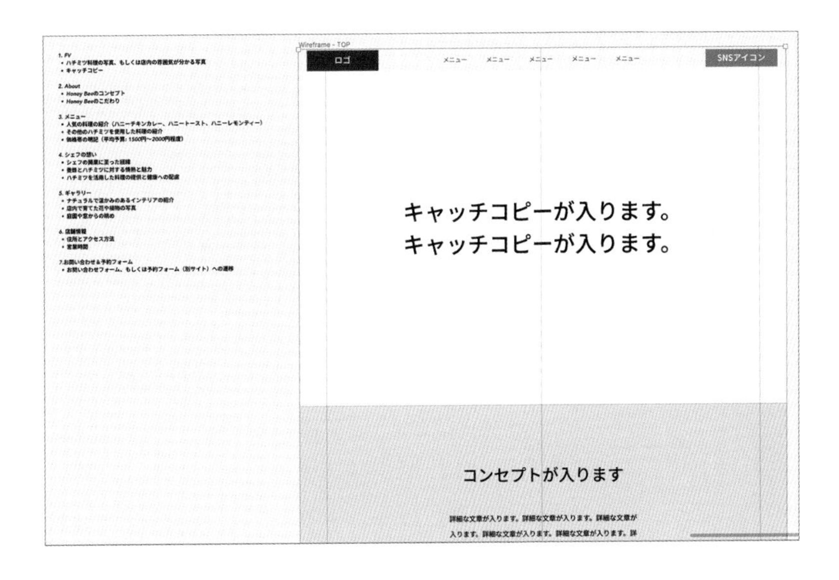

1. FV
・ハチミツ料理の写真、もしくは店内の雰囲気が分かる写真
・キャッチコピー
2. About
・Honey Beeのコンセプト
・Honey Beeのこだわり
3. メニュー
・人気の料理の紹介（ハニーチキンカレー、ハニートースト、ハニーレモンティー）
・その他のハチミツを使用した料理の紹介
・価格帯の明記（平均予算: 1500円〜2000円程度）
4. シェフの想い
・シェフの健康に至った経緯
・養蜂とハチミツに対する情熱と魅力
・ハチミツを活用した料理の提供と健康への配慮
5. ギャラリー
・ナチュラルで温かみのあるインテリアの紹介
・店内で育てた花や植物の写真
・庭園や窓からの眺め
6. 店舗情報
・住所とアクセス方法
・営業時間
7.お問い合わせ&予約フォーム
・お問い合わせフォーム、もしくは予約フォーム（別サイト）への遷移
Wireframe - TOP
ロゴ
メニュー
メニュー
メニュー
メニュー
メニュー
SNSアイコン
キャッチコピーが入ります。
キャッチコピーが入ります。
コンセプトが入ります
詳細な文章が入ります。詳細な文章が入ります。詳細な文章が
入ります。詳細な文章が入ります。詳細な文章が入ります。詳

今回作成したワイヤーフレームの全体像は以下の通りです。次のページでは、作成時のポイントとなる作業や考え方を3つ紹介します。

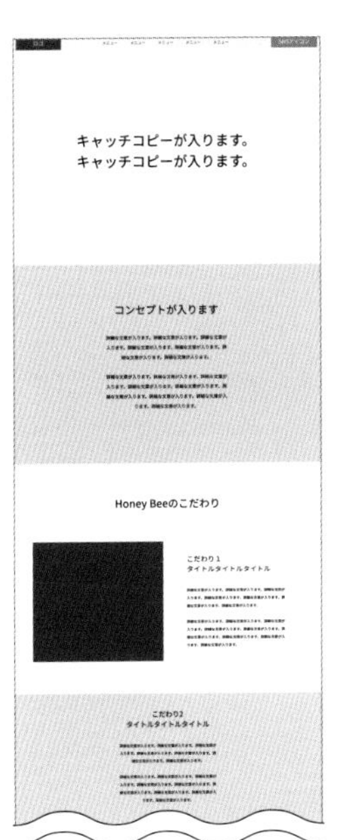

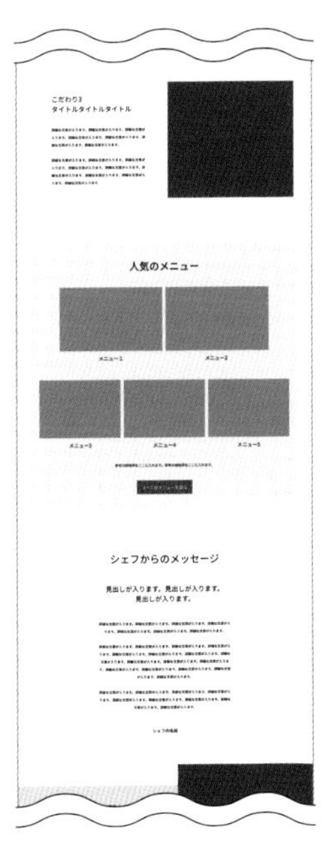

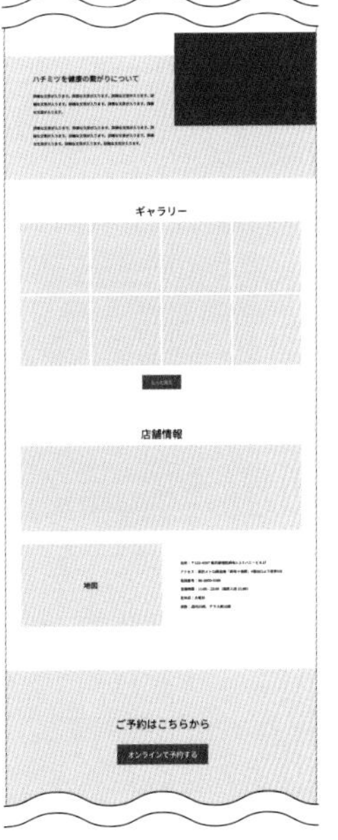

CHAPTER 09 Webサイトのデザインを作成する

ワイヤーフレーム作成時の3つのポイント

フォントサイズのルール化を意識する

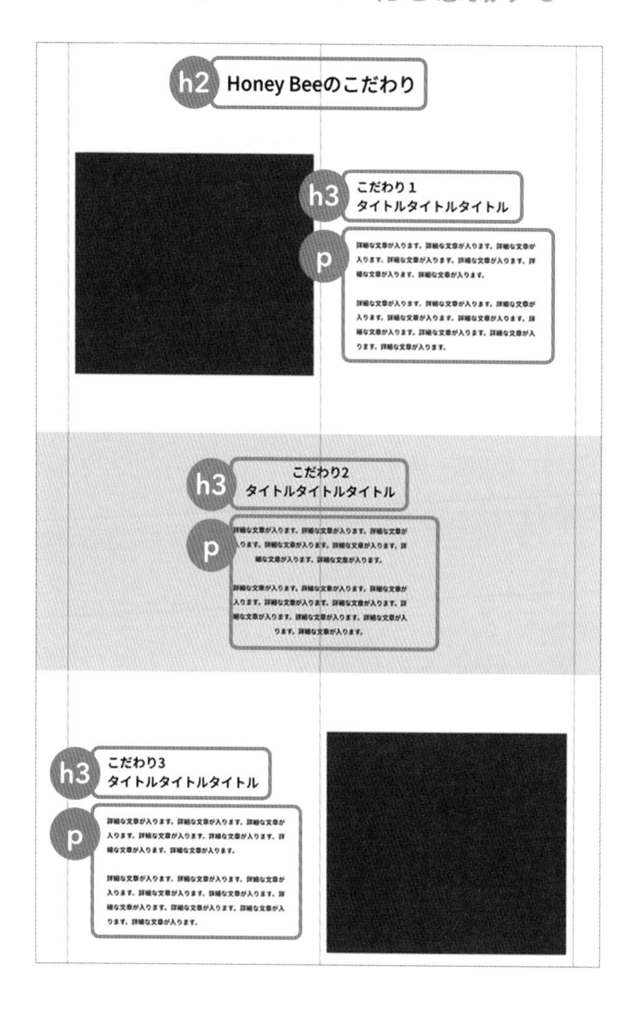

LESSON 34でWebサイトのデザインを作成していきます。その前にスタイルガイドの作成（テキストスタイルの登録）を行うので、ワイヤーフレームを作成する時点で、どこの要素にh1やh2の見出しを使用するのかというように、フォントサイズをルール化する意識を持って、各フォントサイズをそろえておきましょう。

左の画面は、h2とh3の見出しとp（本文）をワイヤーフレーム上に表した例です。

プレゼンテーションモードでこまめに確認する

ワイヤーフレームの段階で、プレゼンテーションモードを使用してこまめにバランスをチェックすることで、Webサイトのデザインを作成する際の手戻りを減らせます。

オートレイアウトやコンポーネントを使って作業を時短する

ボタンや同じデザインを繰り返し使う反復要素は、以下の2つの画面のようにコンポーネント化して再利用したり、オートレイアウトを使用したりしてレイアウトすると作業が効率化できます。積極的に使っていきましょう。

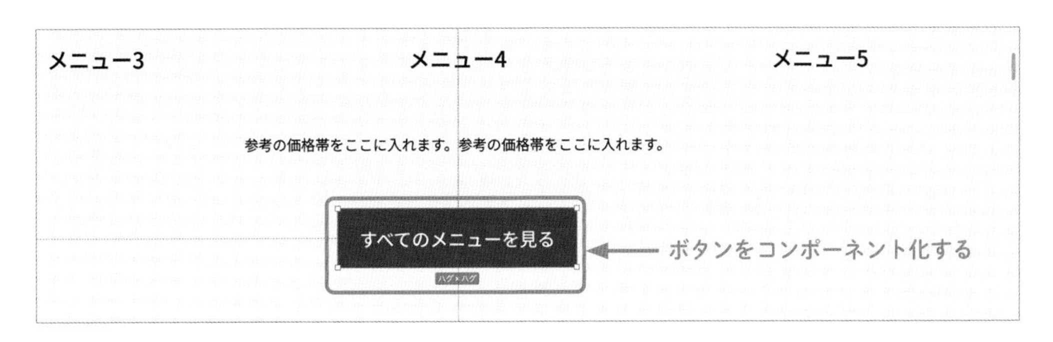

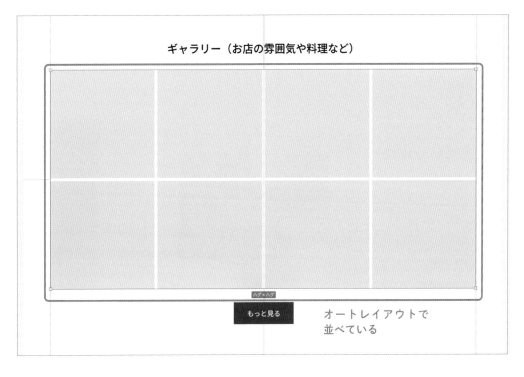

実践編

LESSON 33 #Webサイト #スタイルガイド

スタイルガイドを作成する

ワイヤーフレームが完成したら、使用する色やフォントをまとめたスタイルガイドを作成しましょう。

スタイルガイドの作成・登録

色スタイルを登録する

コンセプトシートをもとに、以下の画面のような［色スタイル］を登録します。［色スタイル］は、Stylerプラグインを使用して登録していきます。Stylerプラグインでの登録方法はLESSON 25を参照してください。レイヤー名がスタイル名になるので、適宜レイヤー名を調整しておきましょう。

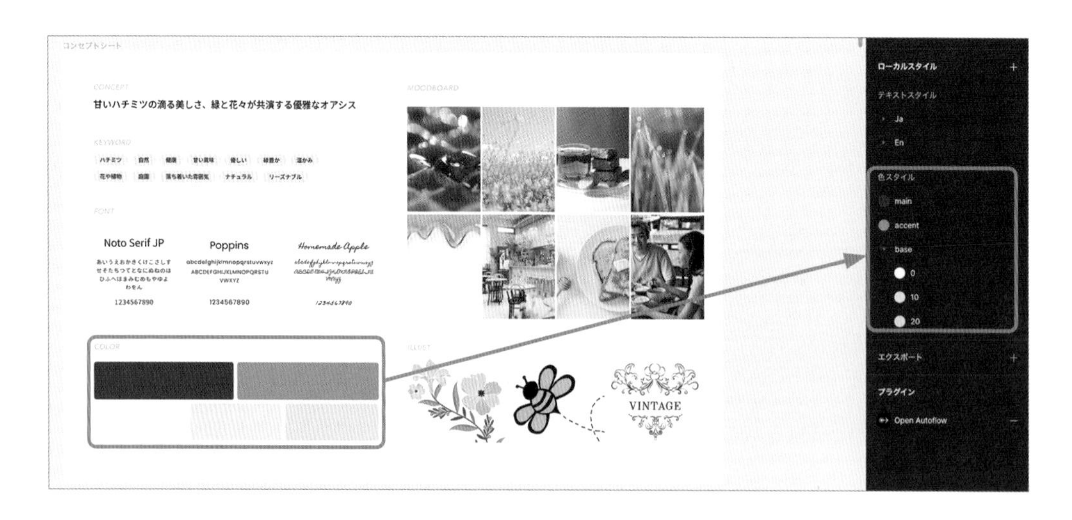

今回は、次のページにある色を［色スタイル］に登録しました。

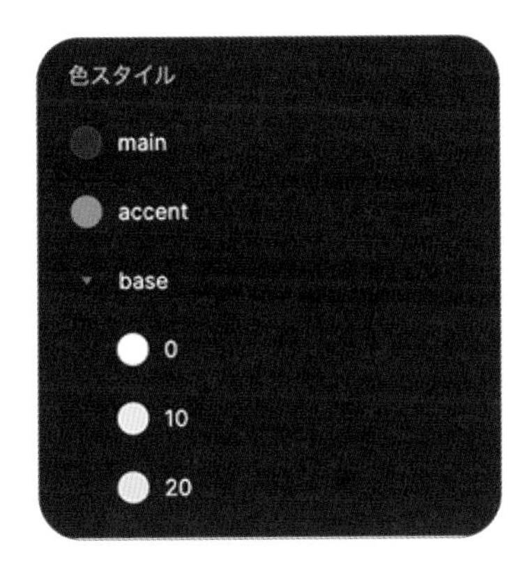

色スタイル設定

main：#523F32
accent：#C89168
base/0：#FFFFFF
base/10：#F4EBDC
base/20：#F0E3CD

フォントスケールを作成する

次に［テキストスタイル］を登録しましょう。まずは、［テキストスタイル］を登録するために、フォントスケール（小さいサイズから大きいサイズまで異なるサイズのフォントを1つのセットとしてまとめたもの）を作成します。

［テキストスタイル］は、1つずつサイズを調整して作成することもできますが、今回は「Type Scales」というFigma上でフォントスケールを作成できるプラグインを使用して登録します。

▶Type Scales
https://www.figma.com/community/plugin/739825414752646970

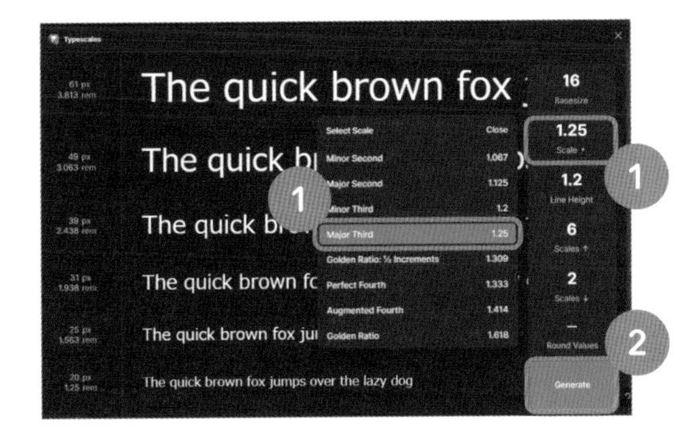

Type Scalesを起動すると、左の画面のように表示されるので、❶スケールを選択し（今回の例では［Major Third：1.25］)、❷［Generate］をクリックすると、自動でフォントスケールが作成されます。［Basesize］はデフォルトで入力されている16pxのまま作成します。

フォントスケールをカスタマイズする

フォントスケールをカスタマイズするには、Macの場合は command を、Windowsの場合は Ctrl を押しながらドラッグしてテキストをすべて選択します。テキストを選択したら、右の画面のようにフォントを使用するものに変更しましょう。

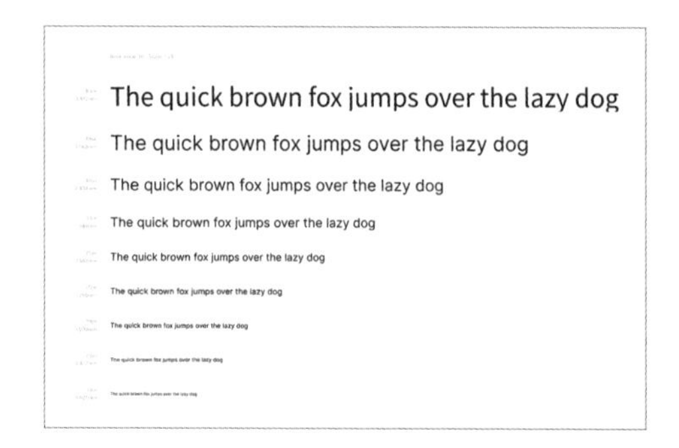

次に、自分が使いやすいようにフォントサイズを調整していきます。このとき、以下の画面のように、フォントサイズに合わせてレイヤー名も変えておきましょう。

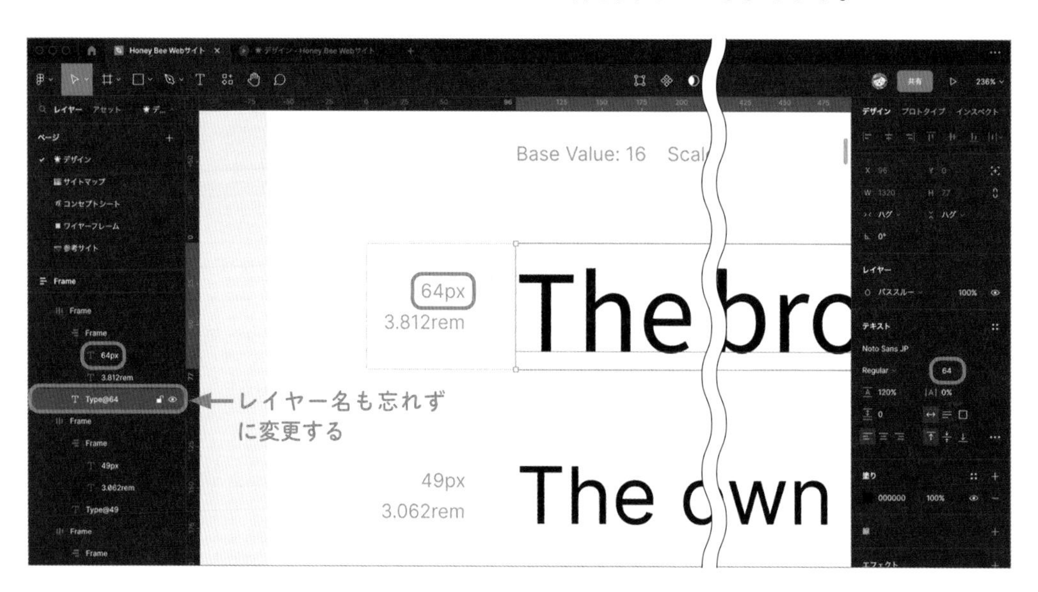

フォントサイズの調整が終わったら、分かりやすいようにフレームの名前も右の画面のように変更しましょう。

これで日本語（Noto Sans JP）の、太さがRegularサイズのフォントスケールが完成しました。同様に、次のフォントスケールも作成します。

- 日本語（Noto Sans JP）／Medium
- 日本語（Noto Sans JP）／Bold
- 英語（Poppins）／Medium
- 英語（Homemade Apple）／Regular

本書執筆時点でのFigmaの仕様上、同じフォントであっても太さ別にフォントスケールを作成する必要があります。そこで、以下の画面のようにMacの場合は command を、Windowsの場合は Ctrl を押しながら、複製したフォントスケールのすべてのテキストを選択し、太さをMediumに変更します。

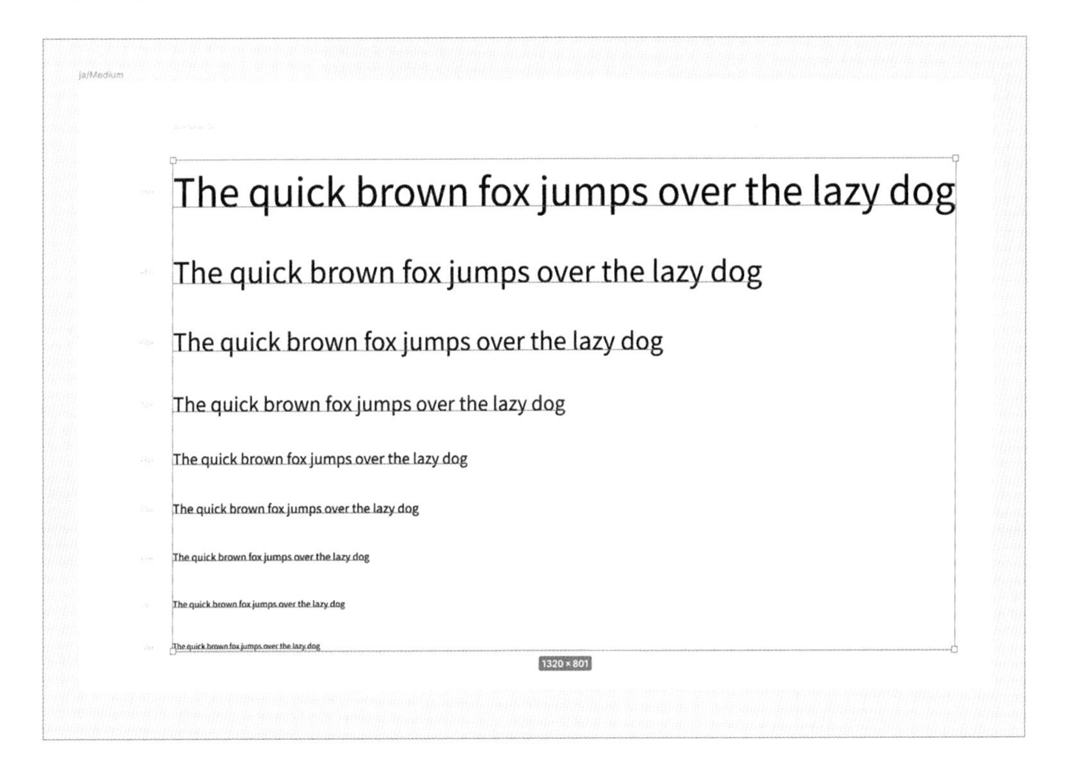

Stylerプラグインを使用してテキストスタイルを登録すると、レイヤー名がスタイル名として登録されます。そのため、レイヤー名を変更する必要があります。Macの場合は command を、Windowsの場合は Ctrl を押しながらテキスト部分のみ選択します。

テキストを選択したら、Macは command ＋ R、Windowsは Ctrl ＋ R を押して以下の画面のように［リネーム］パネルを開きます。［リネーム］パネルの下の段の入力欄に❶「Ja/Medium/」と入力し、❷［現在の名前］をクリックします。これで、現在のレイヤー名を残したまま、レイヤー名の前に「Ja/Medium/」という文言を追加できます。

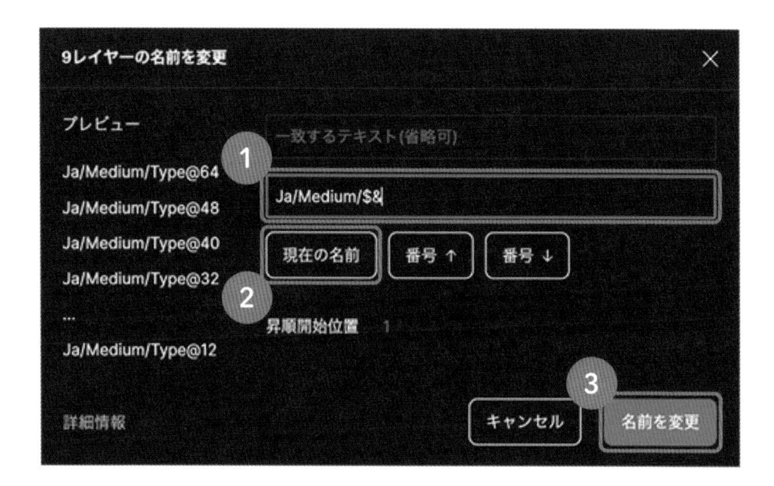

文字を入力したら❸［名前を変更］をクリックします。これでレイヤー名が変更されました。併せてRegularもレイヤー名に「Ja/Regular/」を追加しておきましょう。同様に他のフォントスケールも作成します。

レイヤー名は特定の文字の置き換えも可能です。例えば、次のページの画面のように上の入力欄に「Medium」と入力し、下の入力欄に「Bold」と入力すれば、既存のレイヤー名の「Medium」の部分が「Bold」に置き換えられます。

9レイヤーの名前を変更

プレビュー

Ja/Bold/Type@64

Ja/Bold/Type@48

Ja/Bold/Type@40

Ja/Bold/Type@32

...

Ja/Bold/Type@12

Medium

Bold

現在の一致　番号 ↑　番号 ↓

昇順開始位置　1

詳細情報

キャンセル　名前を変更

テキストスタイルを登録する

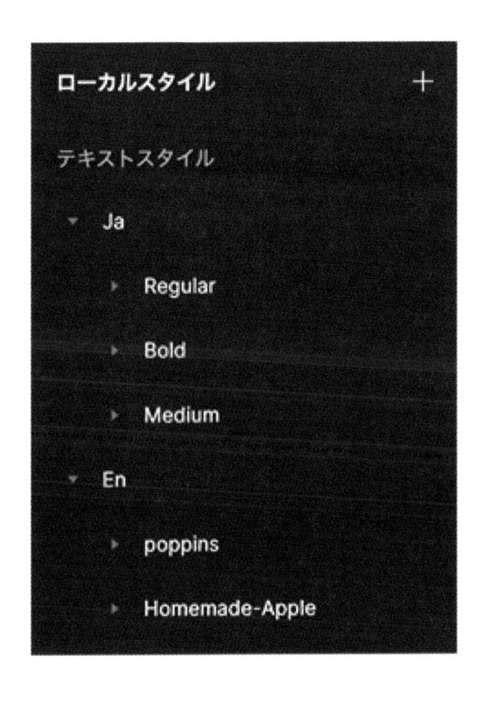

名前の変更が完了したら、「Styler」プラグインを使用してテキストスタイルとして登録しましょう。Macの場合は command を、Windowsの場合は Ctrl を押しながらドラッグして、テキストをすべて選択しましょう。Stylerプラグインを起動して［Generate Styles］をクリックして登録します。すべて登録して、左の画面のようになっていれば登録完了です。

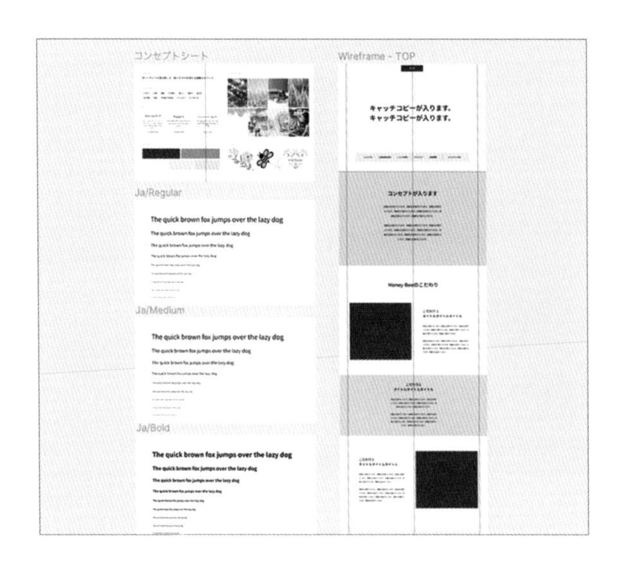

作成したフォントスケールは、左の画面のようにコンセプトシートと並べて置いておきましょう。

グリッドレイアウトを作成する

グリッドレイアウトが必要な場合は作成して、スタイルに登録しておきましょう（LESSON 26を参照）。今回は以下の画面のようにガター（カラム間の余白）を16pxに設定した、4列と12列のグリッドを使っていきます。作成できたら、名前を付けて登録してください。これでスタイルガイドの作成は完了です。

実践編

LESSON 34

サイトのデザインを作成する

#Webサイト #デザイン

Webサイトをデザインするための準備が完了したので、レストランのWebサイトを作成していきましょう。

今回作成するWebサイトのデザインは、以下のように構成されています。

1 ヘッダー
2 メインビジュアル
3 コンセプトセクション
4 こだわりセクション
5 メニューセクション
6 メッセージセクション
7 コラムセクション
8 ギャラリーセクション
9 店舗情報セクション
10 予約セクション
11 フッター

それぞれの要素をデザインする手順を見ていきましょう。本レッスンでは都度言及しませんが、実際に作業するときはこまめにプレゼンテーションモードで確認しながら操作してください。レイアウトのバランスが保ちやすく、手戻りを減らすことができます。

なお、プラグインの表記がない場合、画像は「freepik」から入手したもの、もしくは「Midjourney」によって生成したAI画像を使用しています。また、freepikでは有料プランのほか無料プランがあります。クレジット表記の有無や商用利用の可否など、それぞれ利用規約を調べてから使用してください。

▶ freepik
https://www.freepik.com/

▶ Midjourney
https://midjourney.com/

ヘッダーを作成する

LESSON 32で作成したワイヤーフレームをもとに、Webサイトのデザインを行っていきます。まずは、オートレイアウトを利用してヘッダーを作成しましょう。「ロゴ」「メニュー」「SNSアイコン」の3グループに分けてパーツを作成します。

以下の画面のようにロゴ、メニューのテキストを入力し、隣にSNSアイコンを配置します。メニューには、前のレッスンで作成したテキストスタイルを適用しましょう。今回は「En/Poppins/Type@14」を適用しています。

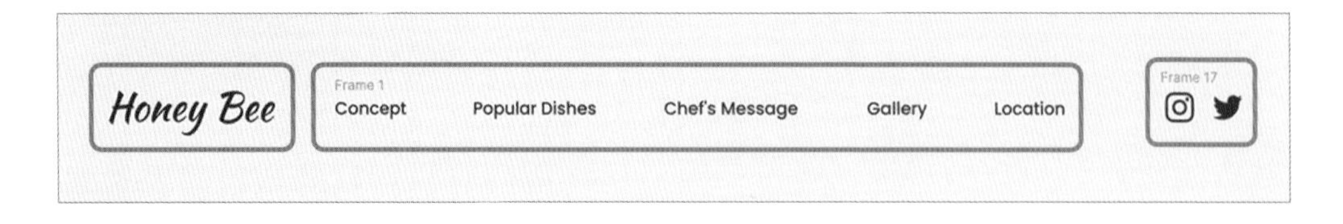

▶ Font Awesome Icons
https://www.figma.com/community/plugin/774202616885508874

メニューとSNSアイコンをそれぞれオートレイアウト化して並べた後、ロゴ、メニュー、SNSアイコンの3つを選択してまとめてオートレイアウト化します。オートレイアウト化できたら、右サイドバーの［フレーム］パネルの［水平方向のサイズ調整］と［垂直方向のサイズ調整］を、両方とも［固定値］に設定します。

サイズの調整ができたら、レイヤーのサイズを「1440 × 64px」に変更しましょう。次に［オートレイアウトの詳細設定］パネルから、［間隔設定モード］を［間隔を空けて配置］に設定します。設定が完了すると、以下の画面のような見た目になります。

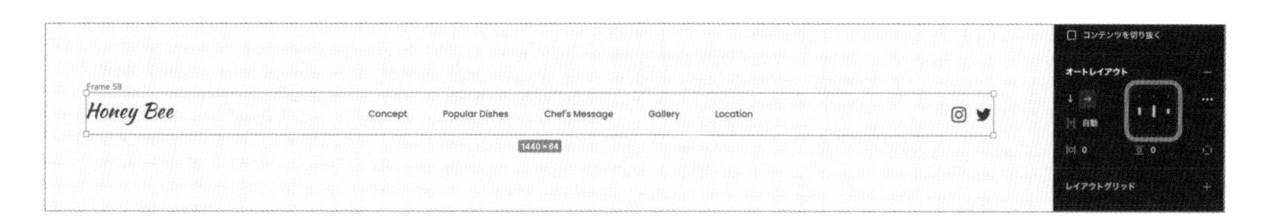

次に左右の余白を設定します。今回は余白を24pxで設定しました。以下の画面のようにフォントの色を「main」、背景色を「base/10」に設定すれば、ヘッダーは完成です。

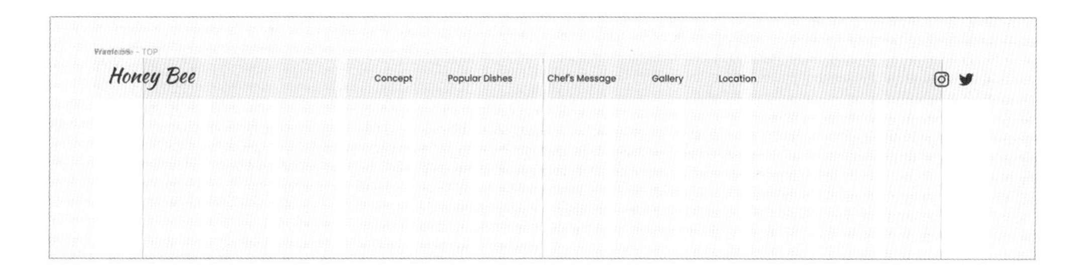

メインビジュアルを作成する

メインビジュアルには、画面いっぱいに写真を入れていきます。まずは、シェイプツールで「1440 × 860px」の長方形を作成します。その後、次のページの画面のように、「Unsplash」プラグインを利用して写真を長方形に挿入しましょう。

画像を挿入できたら、キャッチコピーを入れていきます。次のページの画面のようにテキストを入力したら、テキストスタイルから「En/Poppins/Type@64」を適用しましょう。

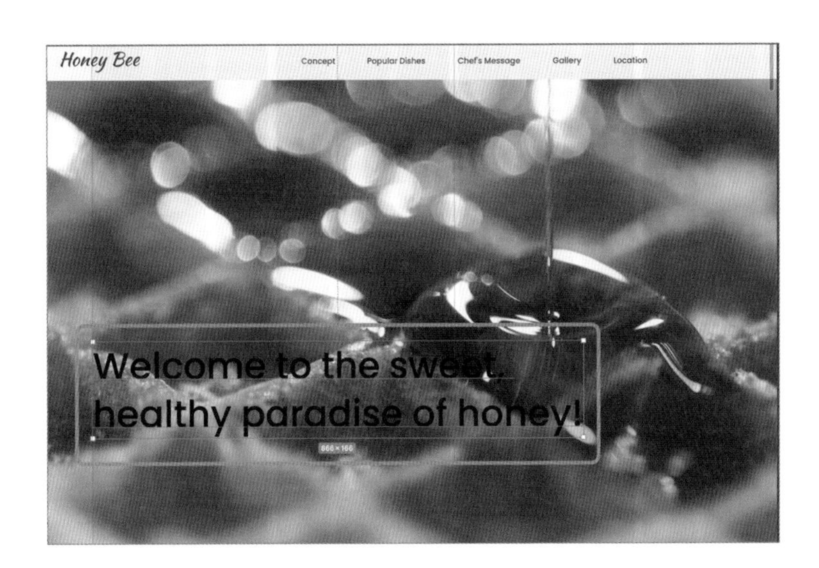

テキストの色が黒だと視認性が悪いので、白に変更します。[色スタイル] から「Base/0」を選択して適用します。

同様に日本語のサブコピーも入れていきます。英語のキャッチコピーの下に日本語のサブコピーを入力し、フォントサイズを「Ja/Bold/Type@20」に変更します。次に、英語のキャッチコピーと日本語のサブコピーを両方選択して、オートレイアウト化しましょう。オートレイアウトにしたら［オートレイアウト］パネルの［アイテムの間隔（縦）］を40pxに設定します。

次に、ワンポイントとして蜂と花のアイコンを入れましょう。見本では「flaticon」のアイコンを組み合わせて使用しています。無料版でもクレジット表記をすることで使用できますが、PNG画像しかダウンロードできないので色の変更ができません。有料版になるとSVGデータのダウンロードが可能になり、クレジット表記も不要になります。

▶ flaticon
https://www.flaticon.com/

次のページの画面のように、アイコンをオートレイアウトのいちばん上に挿入します。

オートレイアウト内のアイコンを絶対位置にする

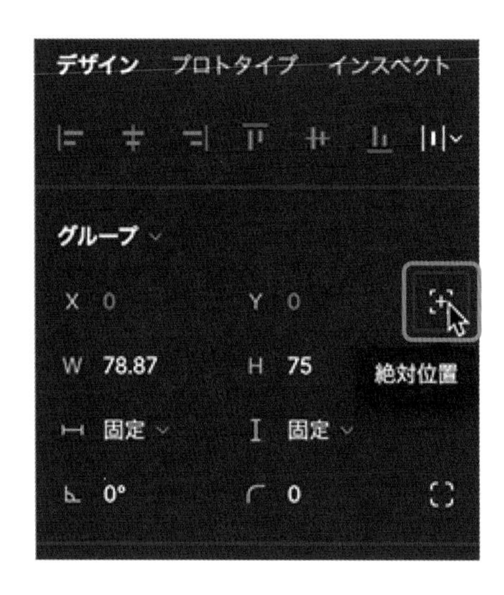

続いて、上の画面でオートレイアウトの中に入っているアイコンの位置を調整していきます。左の画面のように、オートレイアウト内のアイコンを選択して、デザインタブの［グループ］パネルから［絶対位置］をクリックしましょう。このボタンをクリックすることで、オートレイアウトに入っているレイヤーを「絶対位置」として扱うことが可能になります。つまり、オートレイアウトの中にレイヤーが入った状態でも、［オートレイアウト］パネルで設定したルールを無視して好きな位置に移動ができます。

次のページの画面では、アイコンを少し左にずらすことでアクセントにしています。位置の調整中にオートレイアウトから外れてしまう場合は、矢印キーを使って移動してください。

アイコンの調整ができたら、キャッチコピーのグループ全体の位置を調整します。

配置が確定したら、最後に背景写真、キャッチコピーのグループ、ヘッダーをグループ化しましょう。その後、グループ化したレイヤーを選択し、Macの場合はcommand＋option＋Gで、Windowsの場合はCtrl＋Alt＋Gでフレーム化します。そして、分かりやすいようにフレームの名前を「FV」に変更しておきましょう。

コンセプトセクションを作成する

コンセプトセクションには、画像とテキストを並べて配置しましょう。まずは見出しと本文を作成して、それぞれにテキストスタイルを適用します。今回は見出しに「Ja/Bold/Type@32」を、本文に「Ja/Regular/Type@16」を適用しています。デフォルトのままだと本文の行間が狭いので、スタイルの行間を「200％」に調整しておきましょう。

テキストスタイルを適用したらオートレイアウト化して、次のページの画面のように［アイテムの間隔（縦）］を32pxに設定します。また、色スタイルは「main」を選択します。

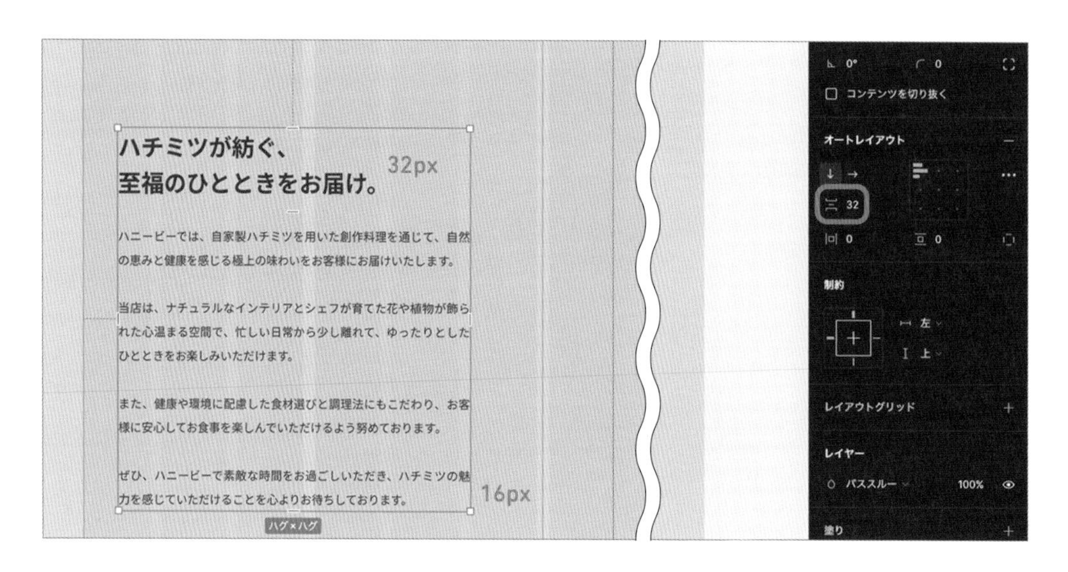

以下の画面のように❶［オートレイアウト］パネルの［パディング（個別)］をクリックして❷［左パディング］(テキストの左側）に32pxの余白を設定します。続いて❸［フレーム］パネルの［水平方向のサイズ調整］を［固定］に変更して❹グリッドに合わせましょう。

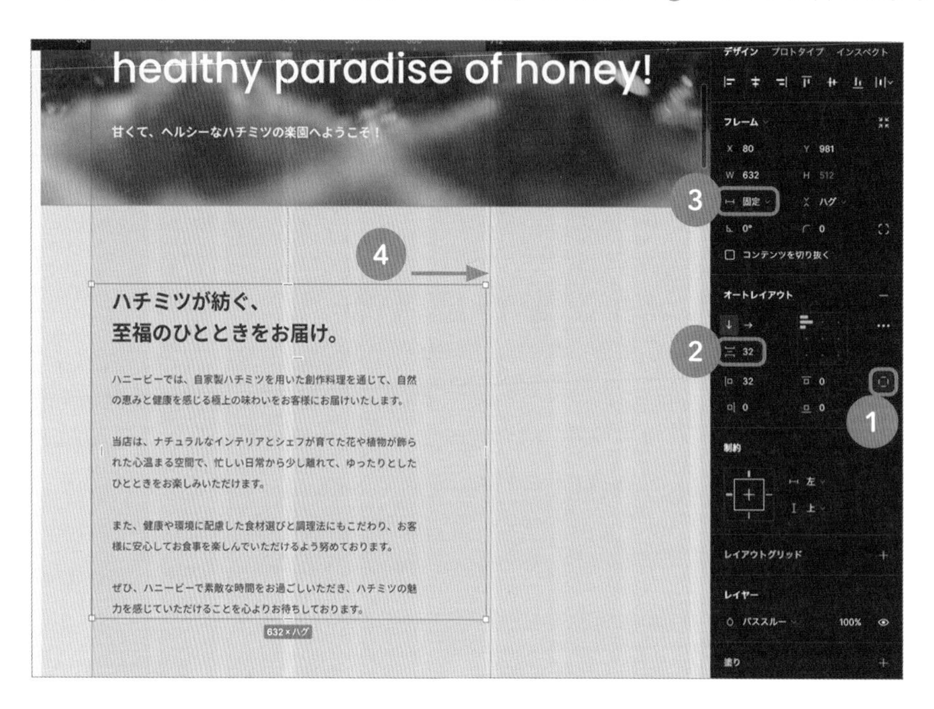

テキストエリアを広げることができたら、以下の画面のようにテキストの右側に画像を挿入し、テキストグループと併せてオートレイアウト化して配置しましょう。[オートレイアウト] パネルより配置を [中央揃え]、[アイテムの間隔 (横)] は16px、[左パディング] は80px、[上パディング] と [下パディング] はそれぞれ128pxに設定します。

背景色を「base/10」に設定し、レイヤー名を「Concept」というように分かりやすい名前に変更します。FVとConceptを選択してオートレイアウト化しておきましょう。

こだわりセクションを作成する

こだわりセクションは、次のように3つのセクションから構成します。

- こだわりセクション①：Point 1 (Honey Beeのこだわり)
- こだわりセクション②：Point 2 (自然を感じる温かみのある空間)
- こだわりセクション③：Point 3 (こだわりの自家製ハチミツ)

こだわりセクション①を作成する

まずは次のページの画面のように、セクションタイトル (英語＆日本語)、写真、見出し (英語＆日本語)、本文を作成しましょう。

タイトルなどのパーツが作成できたら、サイズの調整やテキストスタイル、色スタイルを適用します。今回は以下の画面のように、セクションタイトル（英語）に「En/Homemade-Apple/Type@16」、セクションタイトル（日本語）に「Ja/Bold/Type@40」、見出し（英語）に「En/Homemade-Apple/Type@16」のテキストスタイルを適用しました。色、見出し（日本語）と本文のテキストスタイルはコンセプトセクションと同じです。

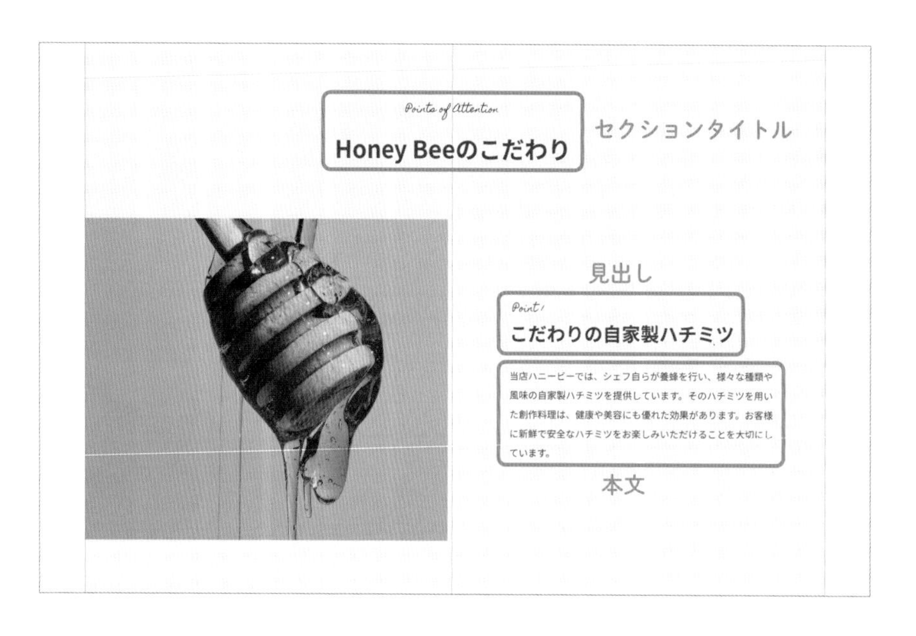

次に、セクションタイトルにオートレイアウトを設定しましょう。[アイテムの間隔（縦）]は16pxに設定します。セクションタイトルのパーツは他のセクションでも使用するので、コンポーネント化します。コンポーネント化したら「セクションタイトル」というように分かりやすい名前を付けておきましょう。

次のページの画面のように、テキストグループにもオートレイアウトを設定します。「Point1」と見出しをオートレイアウト化しましょう。「Point1」と見出しの間隔は、見出しと本文の間隔より狭くしたいので［アイテムの間隔（縦）］を0pxに設定します。続いて、見出しと本文を選択してオートレイアウト化しましょう。[アイテムの間隔（縦）]は32pxに設定します。

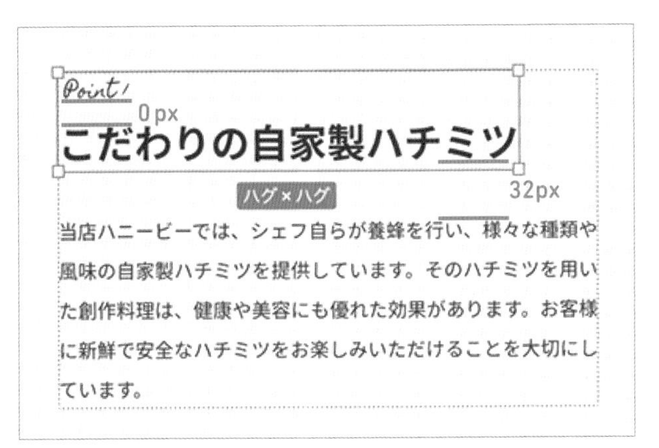

このテキストグループのパーツを使用して「こだわりセクション②（Point2）」と「こだわりセクション③（Point3）」のテキストを入力するので、コンポーネント化しておきましょう。

次に、以下の画面のように❶テキストグループに対してもう1つ外側にオートレイアウトを設定しましょう。❷［オートレイアウト］の配置は［中央揃え］に、❸［水平パディング］は16px、［垂直パディング］は0pxに変更します。❹［フレーム］パネルの［水平方向のサイズ調整］を［固定］に変更し、❺左右の幅を広げてグリッドに合わせます。

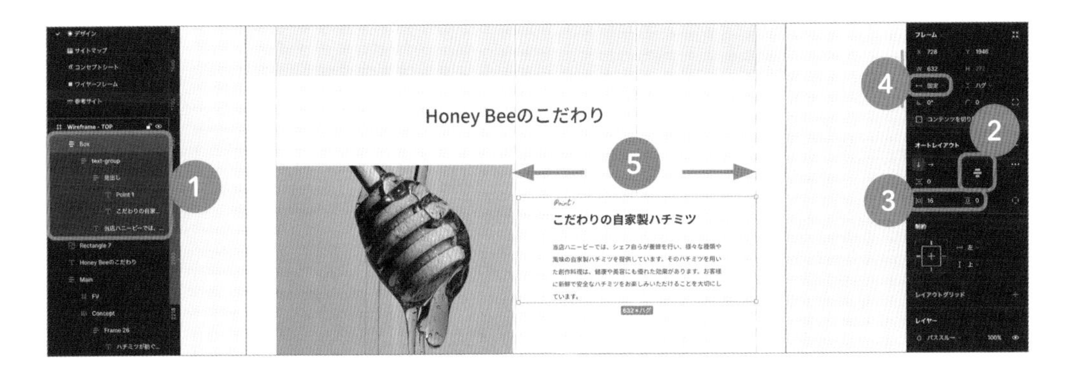

続いて、画像とテキストグループをオートレイアウト化します。［アイテムの間隔（横）］は16pxに設定しましょう。次のページの画面のように❶テキストグループを選択して、［垂直方向のサイズ調整］を❷［コンテンツに合わせて拡大］にしておきます。

最後にタイトルと、画像／テキストを選択してオートレイアウト化しましょう。以下の画面のように❶［オートレイアウト］パネルの配置は［中央揃え］、❷［アイテムの間隔（縦）］は88px、❸［水平パディング］は80px、［垂直パディング］は100px、❹背景色を「Base/20」に設定します。FVとコンセプトセクションが入っているオートレイアウトの中に追加して完成です。他のフレームと同様に、フレーム名を分かりやすいものに変更しておきましょう。

こだわりセクション②を作成する

Point2は背景の全面を画像にし、その上にテキストコンテンツを配置していきます。まずはPoint1で作成したコンポーネントを呼び出しましょう。以下の画面のように、左サイドバーの［アセット］タブから、コンポーネントをドラッグ＆ドロップで挿入します。

続いて、以下の画面のようにコンポーネントの外枠のオートレイアウトと、中に入っているオートレイアウトの両方を［中央揃え］に変更します。そして、文章を入力した後に［水平パディング］を48px、［垂直パディング］を32px、背景色を「Base/10」に設定しておきます。

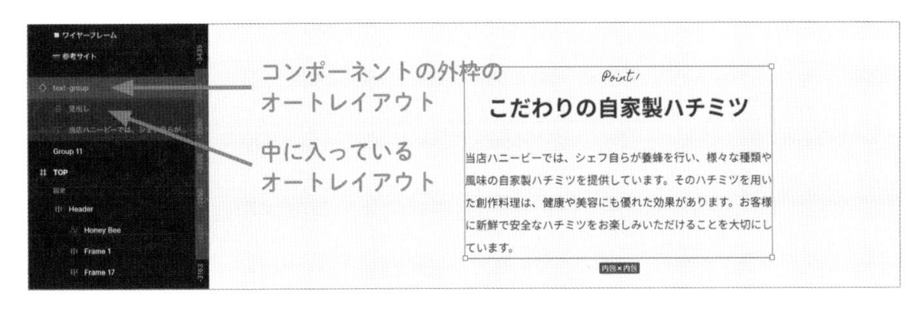

さらにレイヤーを選択して、外側にオートレイアウトを設定しましょう。［オートレイアウト］の配置を［中央揃え］、［水平パディング］を0px、［垂直パディング］を160px、［水平方向のサイズ調整］を［固定］に変更して、フレームの幅いっぱいに広げます。そして、次のページの画面のように、Unsplashプラグインから画像を挿入します。

画像を挿入する際は、以下の画面のように❶一度オートレイアウトのフレームに背景色を設定したうえで、❷［塗り］のサムネイルをクリックし、ポップアップ画面から［単色］を［画像］に変更して挿入してください。

画像を挿入したら色味調整を行います。真ん中のテキストコンテンツを目立たせるため、背景には不透明度20%に透過させた黒い塗りレイヤーを重ねておきましょう。次のページの画面のように❶画像のサムネイルをクリックすると❷［色味調整］パネルが開きます。❸［塗り］の［+］をクリックすると自動で黒い透過の塗りレイヤーが挿入されます。

こだわりセクション②も完成しました。フレーム名を変更し、他のセクションと同様にオートレイアウトに追加しましょう。

こだわりセクション③を作成する

Point3は、Point1の画像とテキストの位置を反転させたセクションです。Point1のセクションを複製して使用しましょう。以下の画面のようにテキストが入ったフレーム、もしくは画像を選択してから、矢印キーで左右のコンテンツを入れ替えます。画像とテキストを差し替えたら、Point3は完成です。フレーム名を変更し、他のセクションと同様にオートレイアウトに追加します。

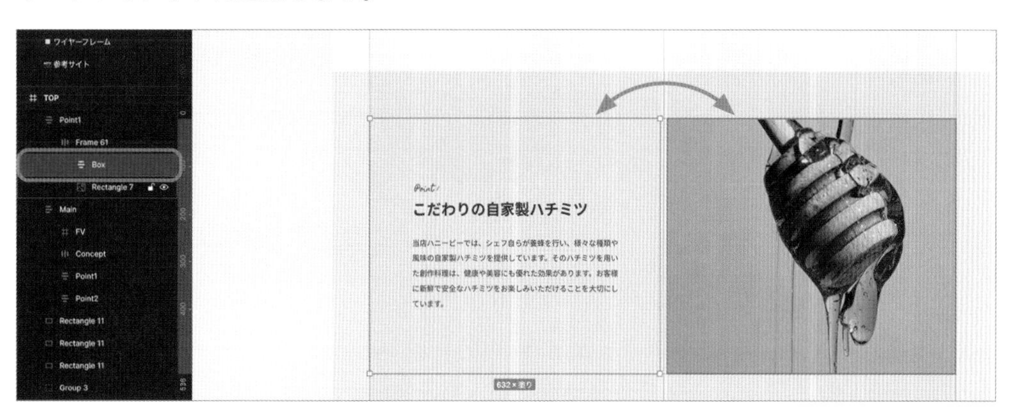

メニューセクションを作成する

メニューセクションを作成していきます。以下の画面のように、コンポーネント化したセクションタイトルのインスタンスをドラッグ＆ドロップで挿入し、英語版のタイトルとして「Popular Dishes」、日本語版のタイトルとして「Honey Beeの人気メニュー」と入力しましょう。説明文をタイトルの下に1文追加したら、タイトルと説明文を合わせてオートレイアウト化します。[アイテムの間隔（縦）] は16pxに設定しましょう。

タイトル下の長方形にUnsplashプラグインからメニュー画像を挿入し、料理名を入れます。料理名は「Ja/Regular/Type@16」を、色スタイルは「main」を適用しています。

続いて以下の画面のように、画像とメニュー名を合わせてオートレイアウト化しましょう。[オートレイアウト] パネルの配置は [中央揃え] にし、[アイテムの間隔（縦）] を16pxに設定します。

同様に5つ分の料理の画像を挿入・オートレイアウト化したら、上の段と下の段でそれぞれオートレイアウト化し、[アイテムの間隔（横）] を16pxに設定します。最後に上下の段をまとめてオートレイアウト化します。[アイテムの間隔（縦）] は56pxに設定しました。

次に、オートレイアウトを使ってボタンのパーツを作成します。ボタンは「view all menus」とテキストを入力し、テキストスタイルから「En/Poppins/Type@16」を適用します。色スタイルは「Base/0」にしましょう。オートレイアウト化したら［アイテム間隔（横）］を0、［水平パディング］を40px、［垂直パディング］は上を10px、下を12pxに設定します。［中央揃え］に変更し、［塗り］を「main」にすればボタンが完成します。作成したらコンポーネント化しておきましょう。

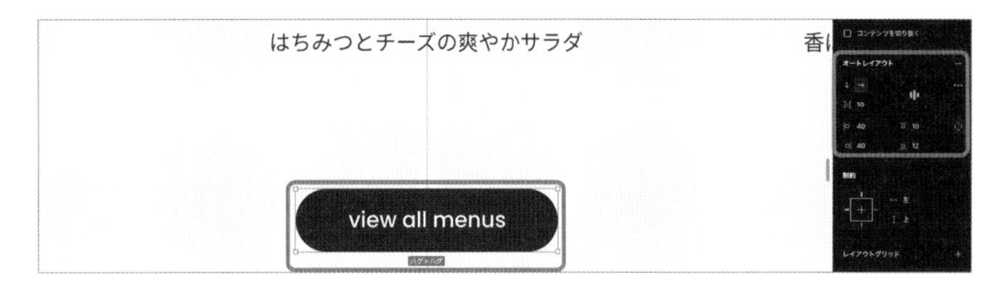

ボタンの下には参考価格の文章を入れましょう。テキストを入力後、オートレイアウト化し、背景を「base/0」に設定します。メニュー一覧／ボタン／参考価格をまとめてオートレイアウト化しましょう。［アイテムの間隔（縦）］は40pxです。

最後に、以下の画面のようにセクションタイトルとメニューグループでオートレイアウト化しましょう。❶［オートレイアウト］パネルの配置は［中央揃え］、［アイテムの間隔（縦）］は64px、［垂直パディング］は100px、❷［水平方向のサイズ調整］は［固定］、❸背景色を「Base/10」にして❹フレームいっぱいに広げます。完了したらフレーム名を変更し、他のセクションと同様にオートレイアウトに追加します。

メッセージセクションを作成する

メッセージセクションでは、メニューセクションのセクションタイトルを複製し、文字を入力します。

メッセージ本文とシェフの肩書・名前をそれぞれ「Ja/Medium/Type@16」に設定し、オートレイアウト化します。以下の画面のように❶［アイテムの間隔（縦）］を48px、［垂直パディング］を128px、❷［水平方向のサイズ調整］は［固定］、❸背景色を「Base/20」にして❹フレームいっぱいに広げます。完了したらフレーム名を変更し、他のセクションと同様にオートレイアウトに追加します。

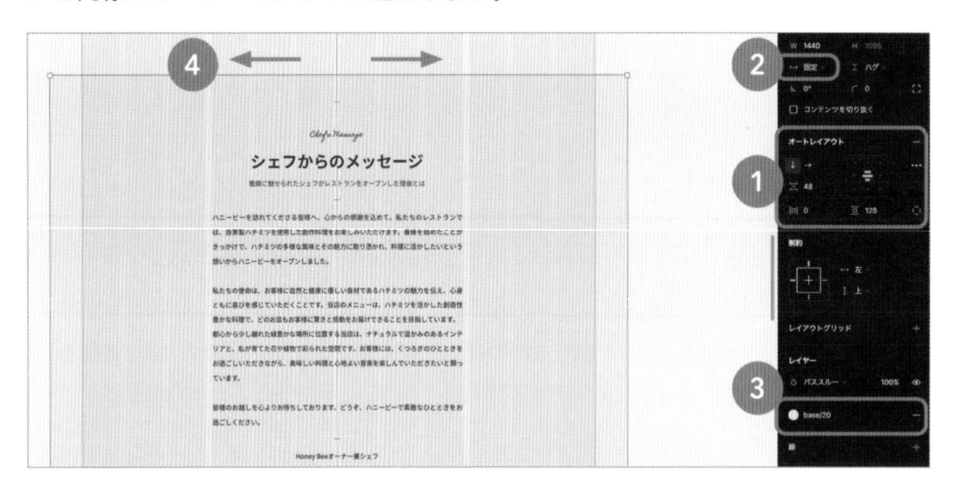

コラムセクションを作成する

次に、ハチミツと健康について語るコラムセクションを作成しましょう。このセクションは画像がセクションからはみ出て重なるように配置します。

まずは、次のページの画面のように、コンポーネント化したテキストグループのインスタンスをドラッグ＆ドロップで挿入します。［水平パディング］を48pxに設定し、［水平方向のサイズ調整］は［固定］にしてテキストグループの枠をグリッドの左端と中央のガイドに合わせます。中の本文は［コンテンツに合わせて拡大］を設定しておきましょう。

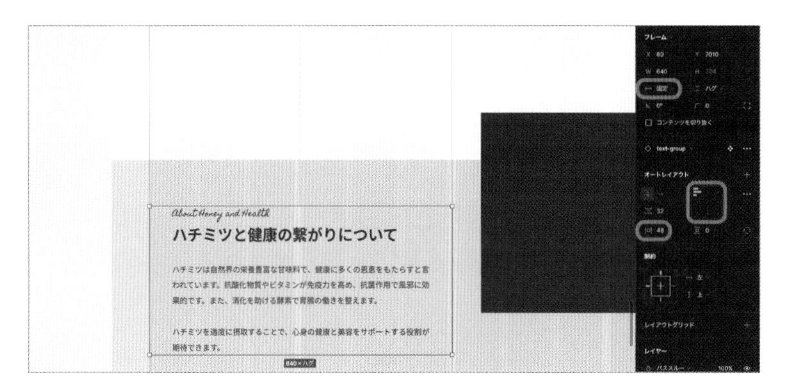

さらに、外側にオートレイアウトを設定し、以下の画面のように調整します。［水平パディング］を80px、［垂直パディング］を100px、［水平方向のサイズ調整］は［固定］にしてフレームいっぱいに広げておきましょう。

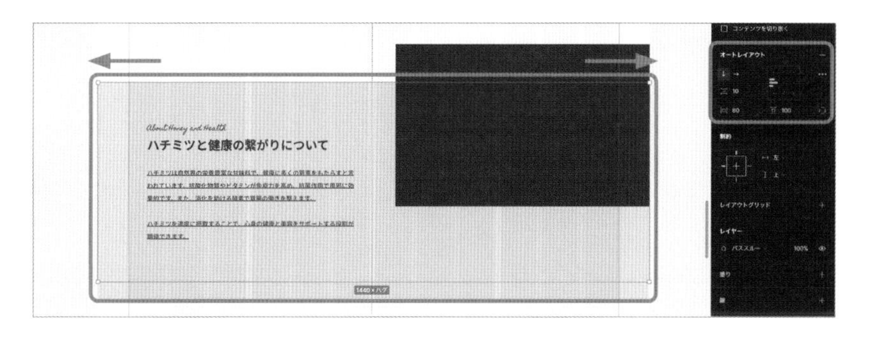

左の画面のように背景色を「Base/10」に変更し、写真を入れる長方形をオートレイアウトの中に入れます。

長方形を選択して［絶対位置］の設定を行い、位置を調整しましょう。調整できたら、以下の画面のようにUnsplashプラグインから画像を挿入し、色味の調整を行います。完了したらフレームの名前を変更し、他のセクションと同様にメインのオートレイアウトの中に追加します。

画像がはみ出している分、上のメッセージセクションとの余白が狭くなってしまいます。以下の画面のように❶［パディング（個別）］から❷［垂直パディング］の下だけ［下パディング］を208pxに設定して、下の余白を広げましょう。

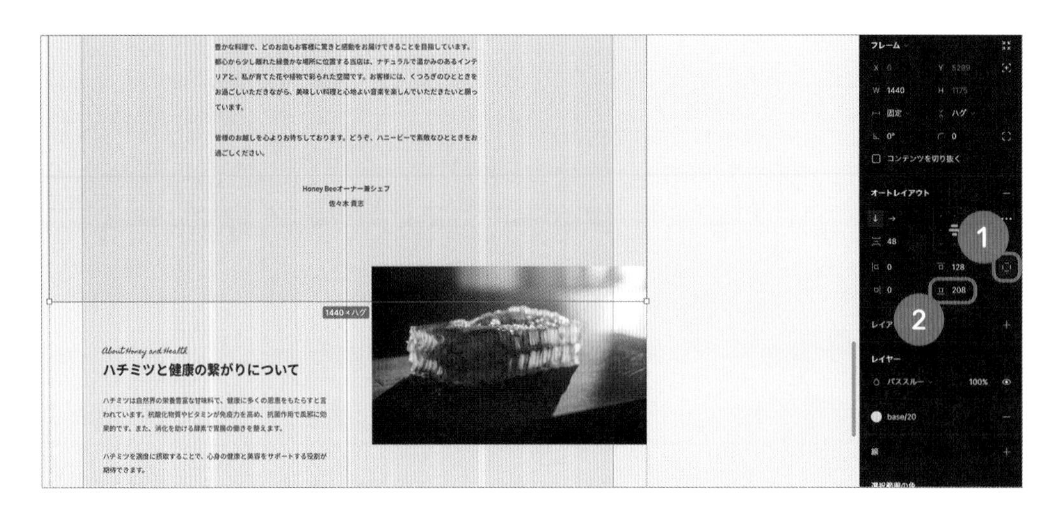

ギャラリーセクションを作成する

コラムセクションを作成したら、料理やカフェの内装を紹介するギャラリーセクションを作成しましょう。他のセクションと同様に、コンポーネント化したセクションタイトルのインスタンスをドラッグ＆ドロップで挿入し、テキストを入力します。

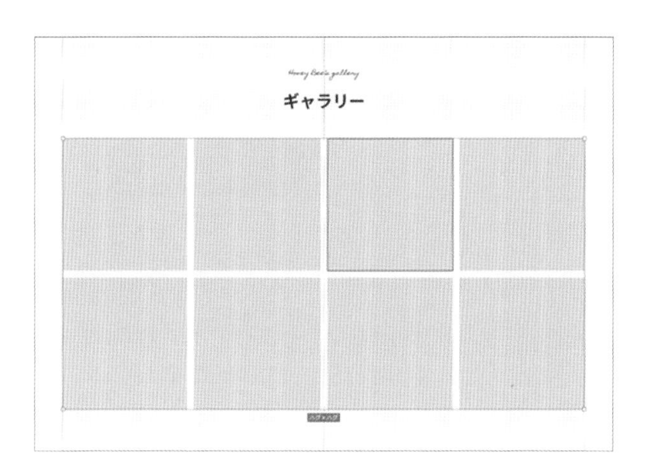

左の画面のようにテキストを入力したら、縦横の間隔を16pxずつ空けながら長方形8個をオートレイアウトで並べていきましょう。

Unsplashプラグインを利用して、長方形の中に左のように写真を挿入します。

写真を挿入したら、次のページの画面のように左サイドバーのアセットタブのリストからボタンのコンポーネントを選択し、ドラッグ＆ドロップでインスタンスを挿入します。テキストも「view more」に打ち替えましょう。

以下の画面のようにセクションタイトル／写真一覧／ボタンをすべて選択し、❶オートレイアウトを設定します。[アイテムの間隔（縦）] を40px、[垂直パディング] を100px、❷ [水平方向のサイズ調整] を [固定]、❸背景色を「Base/20」にして❹フレームいっぱいに広げます。完了したらフレーム名を変更し、他のセクションと同様にオートレイアウトに追加します。

店舗情報セクションを作成する

地図や住所を掲載した店舗情報セクションを作成していきます。他のセクションと同様にコンポーネントを使用して、以下の画面のようにセクションタイトルを作成しましょう。

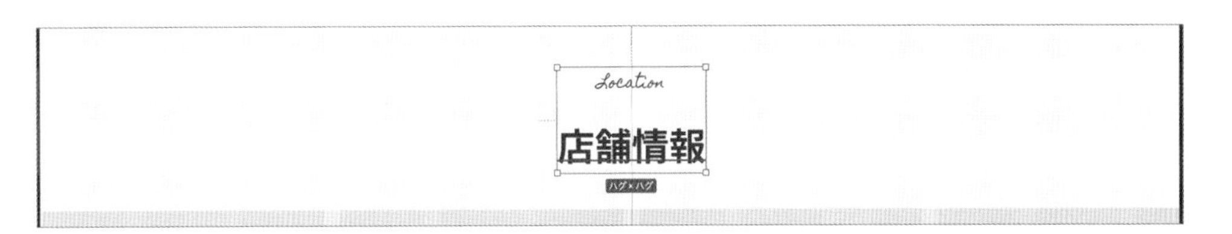

店舗情報をテキストで入力し、レイアウトを整えるためにオートレイアウト化しましょう。以下の画面のように❶［オートレイアウト］パネルの配置は［中央揃え］、❷［水平方向のサイズ調整］は［固定］にして❸グリッドに合わせて広げます。

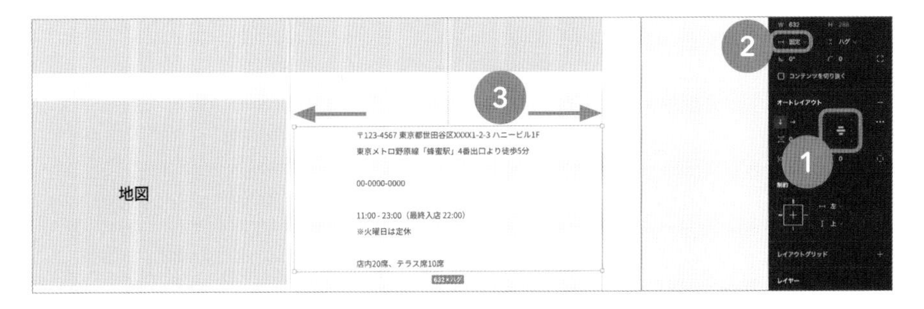

以下の画面のように左側に地図を挿入し、店舗情報と合わせてオートレイアウト化しましょう。［アイテムの間隔（横）］は16pxです。

続いて、次のページのように店舗情報の上の長方形に画像を挿入します。

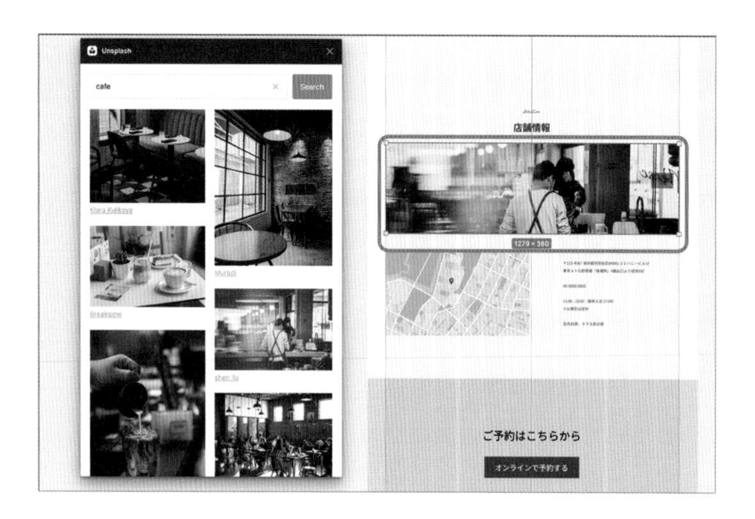

画像を挿入できたら、セクションタイトル、画像、地図＆店舗情報を以下の画面のようにオートレイアウト化します。[アイテムの間隔（縦）] は40pxです。

次のページの画面のように [垂直パディング] を100px、[水平方向のサイズ調整] を [固定]、背景色は「Base/10」にしてフレームいっぱいに広げます。フレーム名を変更し、他のセクションと同様にオートレイアウトに追加しましょう。

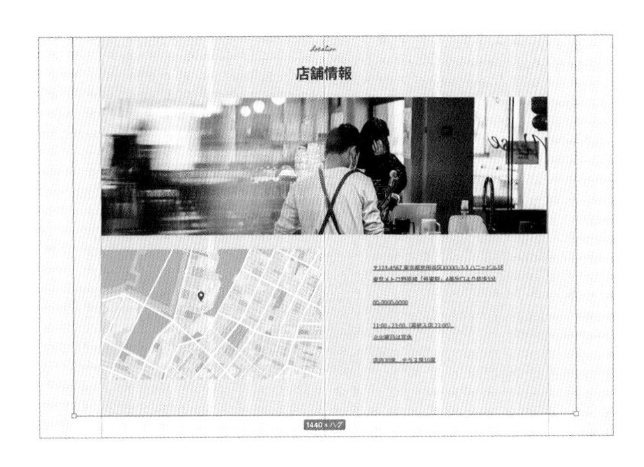

予約セクションを作成する

外部サイトに遷移する予約セクションを作成しましょう。他のセクションと同様に、セクションタイトルを作成します。ボタンのインスタンスを挿入し、オートレイアウト化します。

以下の画面のように❶［オートレイアウト］の配置は［中央揃え］、［アイテムの間隔（縦）］は56px、［上パディング］は150px、［下パディング］は250px、❷［水平方向のサイズ調整］は［固定］、❸背景色は「Base/10」にして❹フレームいっぱいに広げます。フレーム名を変更し、他のセクションと同様にオートレイアウトに追加します。

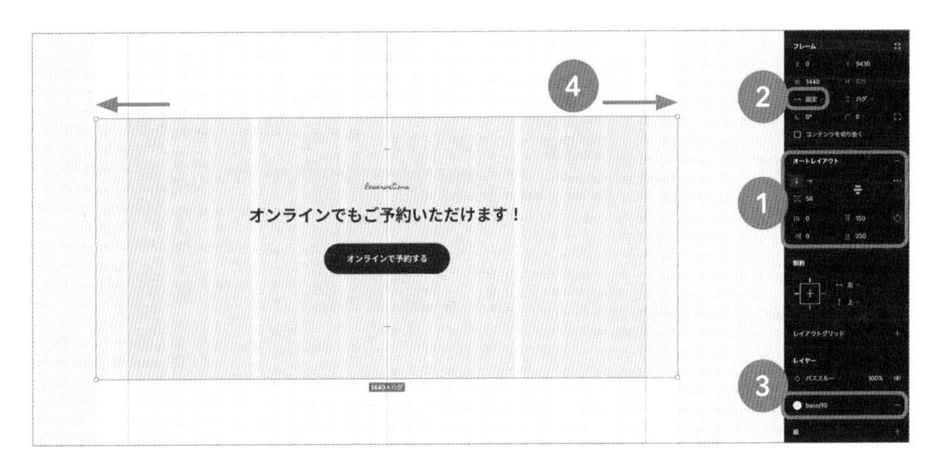

フッターを作成する

最後にフッターを作成しましょう。まずは、ヘッダーのメニューとSNSアイコンを複製します。

SNSアイコンをメニューのオートレイアウトの中に入れます。以下の画面のように、ロゴとメニューを上下に配置して、オートレイアウト化しましょう。間隔は72pxに設定しました。

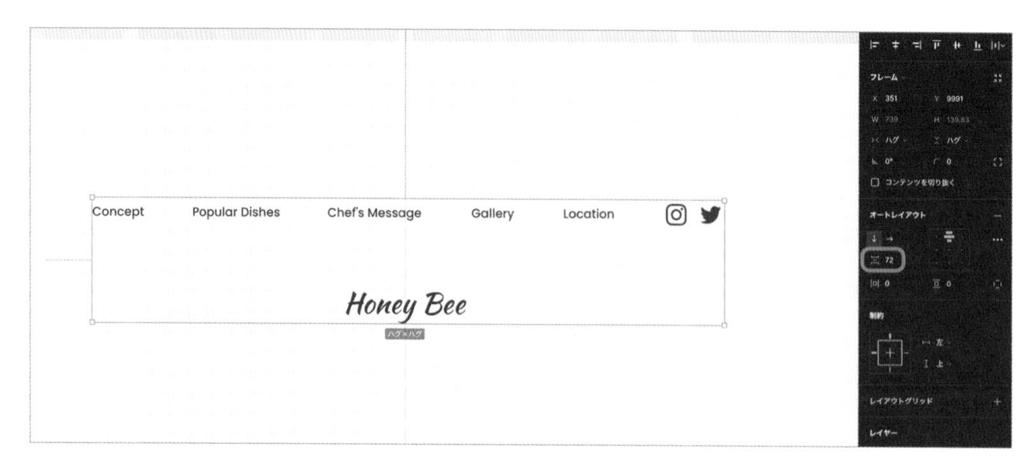

ロゴの下にコピーライトを作成します。テキストスタイルは「En/Poppins/Type@12」を適用します。コピーライトを入力できたら、メニューグループと一緒にオートレイアウト化しましょう。

以下の画面のようにデザインタブより❶［水平方向のサイズ調整］を［固定］、❷［オートレイアウト］を［中央揃え］、［アイテムの間隔（縦）］を40px、［上パディング］を80px、［下パディング］を24pxに設定して❸フレームいっぱいに広げます。❹背景色は「accent」、❺文字色は「Base/0」に変更します。完了したらフレーム名を変更し、他のセクションと同様にオートレイアウトに追加しましょう。

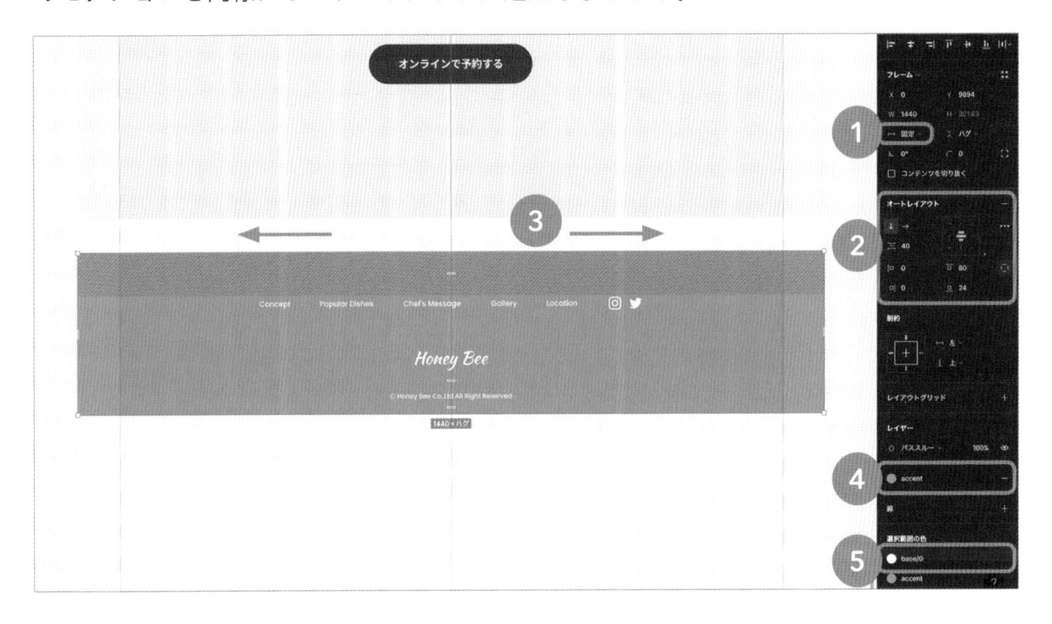

フレームのサイズを調整する

次のページのように❶フレームを選択し、デザインタブにある［フレーム］内の4つの矢印が中央に向かっている❷［サイズの自動調整］をクリックします。このボタンをクリックすることで、自動的に中のコンテンツサイズに合わせてフレームのサイズを調整してくれます。

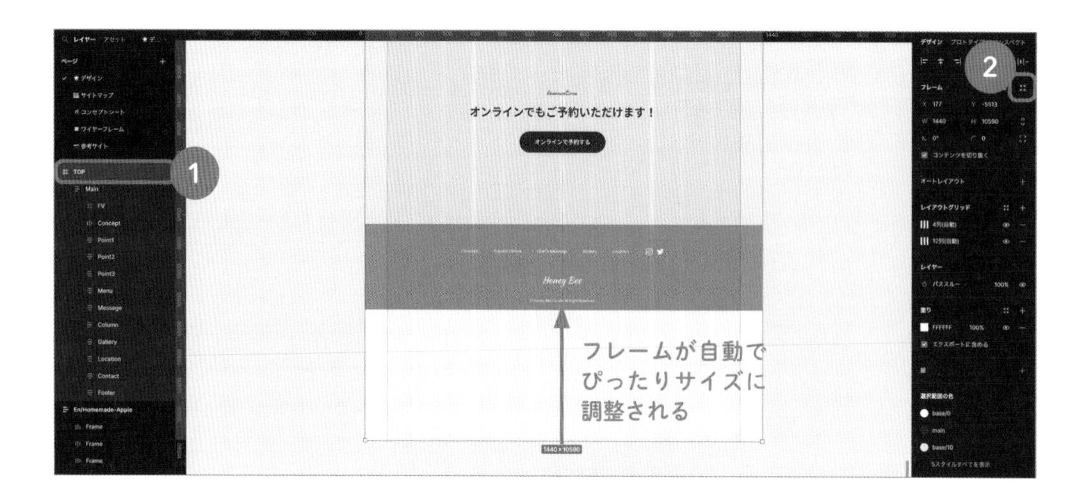

これでトップページのデザインが完成しました。以下の画面では、コンセプトシートの隣にトップページのデザインの全体像を並べています。

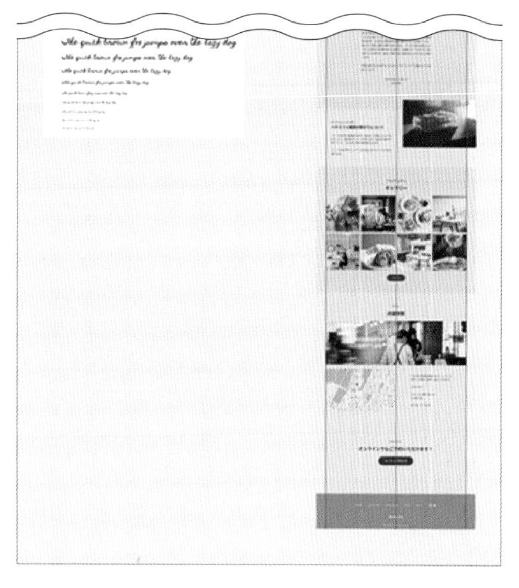

モバイル用デザインを作成する

今回は解説しませんでしたが、本来であればパソコンのデザインが完成した後にスマートフォン（モバイル）用のデザインも作成します。右サイドバーの［プロトタイプ］▶［フレーム］▶［スマホ］からスマートフォンのテンプレートを選択して、以下の画面のようにパソコンのデザインの隣に並べ、デザインを作成していきます。

実践編

LESSON 35

デザインデータを共有する

#デザイン #共有

Webサイトのデザインが完成したので、デザインデータをチームメンバーやクライアントに共有しましょう。

LESSON 12で解説した通り、Figmaでは共有できるデータが編集データとプロトタイプの2種類あります。「デザインに対するレビュー」や「実装する人に共有」など、目的に応じて使い分けましょう。

デザインに対するレビューを依頼する

クライアントにデザインの確認を行う場合は、プロトタイプを共有しましょう。なぜなら、編集データよりもプロトタイプのほうが、実際に本番環境で見る状態に近いからです。プロトタイプを共有した際に付けられたコメントは、編集データからも確認が可能です。

疑似的にデバイスを適用する

プロトタイプでは、疑似的にデバイスを適用できます。例えば、スマートフォンサイトのデザインを確認するときに、iPhoneで見ているような状態を再現したり、Apple Watchで見ている状態を再現したりすることが可能です。本来は実機で確認することが望ましいですが、簡易的に確認するにはとても便利な機能です。

デバイスをプロトタイプに適用するには、何も選択していない状態で［プロトタイプ］タブの［デバイス］を開きます。使用できるデバイス一覧が表示されるので、表示を確認したいデバイスを選択しましょう。次のページの画面は、［デバイス］で［MacBook Air］を選択したところです。画面サイズのカスタマイズも可能です。

ヘッダーやボタンを固定位置にする

Figmaではヘッダーやトップへ戻るボタンなど、固定位置で追従してくるパーツをプロトタイプで再現できます。ヘッダーの位置を固定し、追従させる方法を見ていきましょう。ヘッダーがオートレイアウトの中に入っていると位置を固定できないので、まずはヘッダーをオートレイアウトの中から取り出します。

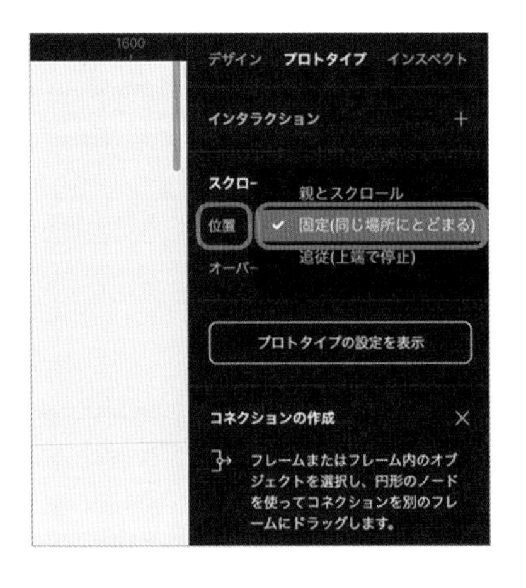

オートレイアウトから取り出したら、ヘッダーをTOPのフレームの中に入れます。ヘッダーパーツを選択した状態で、左の画面のようにプロトタイプタブから［位置］メニューのドロップダウンを開き、［固定（同じ場所にとどまる)］を選択します。

これで追従するヘッダーが再現できました。

トップへ戻るボタンなど、下に固定したい場合はフレームの下部にパーツを配置しましょう。今回は右下に固定したいので、以下の画面のように［デザイン］タブの［制約］を下と右に設定します。

そして、プロトタイプタブの［位置］を［固定（同じ場所にとどまる)］にします。これで以下の画面のように、下側に追従するボタンが再現できました。パーツがオートレイアウトの中に入ってしまうと、うまく作動しないので注意してください。

コーダーや実装する人に共有する

実装する人にデータを共有する場合は、編集データを共有しましょう。なぜなら、プロトタイプでは画面全体を確認するのが難しく、画像などの素材の書き出しもできないからです。さらに、フォントサイズや余白などのサイズを確認することもできないため、編集データを共有する必要があります。

編集データを共有すれば、前述した問題が解決するだけでなく、次のページの画面にある右サイドバーのインスペクトタブを使用することで、テキストコンテンツのコピーや要素の細かい設定、CSSなどのコードの確認ができるので、実装がスムーズになります。

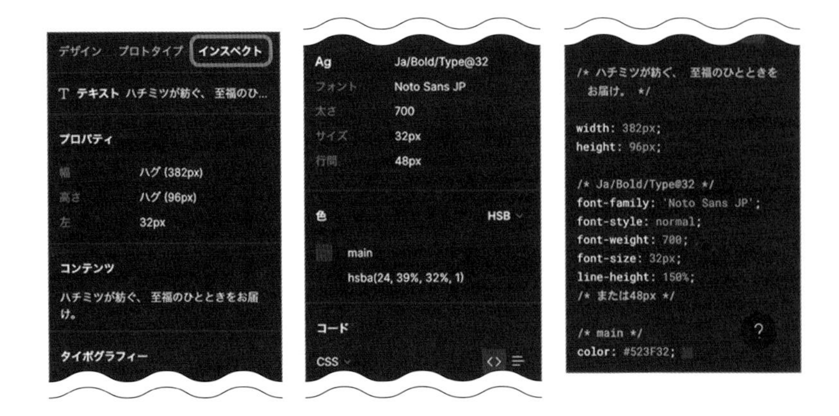

編集データを共有する際、特定のフレームに誘導することも可能です。その場合、以下の画面のようにフレームを選択し、右クリックして［コピー／貼り付けオプション］から［リンクをコピー］を選択します。

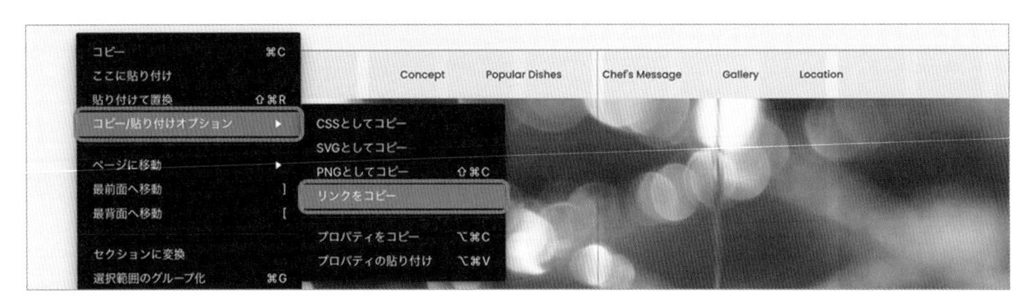

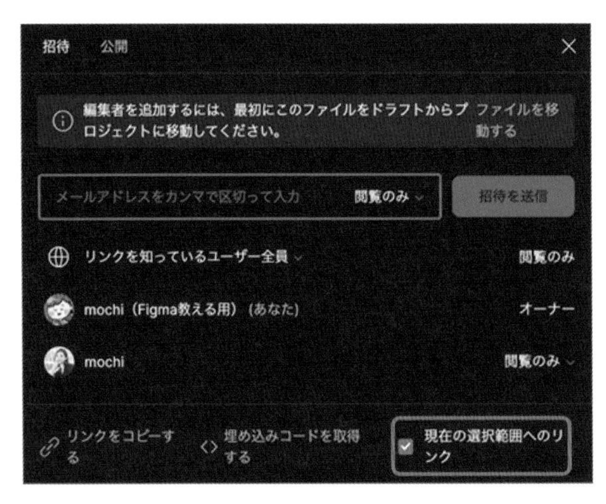

フレームではなく特定のレイヤーに誘導したい場合は、レイヤーを選択した状態で［共有］ボタンをクリックします。左の画面のように共有パネル内の［現在の選択範囲へのリンク］にチェックを付けてリンクをコピーしましょう。

実践編

CHAPTER 10

UIデザインを作成する

UIデザインを学んでいきましょう。iOS向けの
フィットネストラッキングアプリを作成します。

実践編

LESSON

36

#UIデザイン
#デザイン制作の流れ

UIデザイン制作の流れを知る

まずはUIデザインにおける全工程を理解し、要件定義やワイヤーフレームの作成を進めていきます。

スマートフォンアプリのUIデザイン制作は、一般的には以下のような流れで進めます。

1. リサーチ
2. 要件定義
3. 情報設計
4. ワイヤーフレームの作成
5. ビジュアルデザインの作成
6. プロトタイピング
7. 実装
8. 公開

iOSとAndroidではUIデザインのルールが異なる

iOSとAndroidのアプリは、それぞれ異なるデザインガイドラインが存在します。Appleの「Human Interface Guidelines」とGoogleの「Material Design」は、それぞれ独自のデザイン原則やUIコンポーネントを提供しています。これらの違いを理解し、プラットフォームごとのユーザー体験を最適化することが重要です。

要件定義を行う

今回の例では、次のページの図表36-1をもとにフィットネストラッキングアプリのUIデザインを作成します。本来であれば新規登録画面や利用規約画面なども必要ですが、本書では割愛し、表内の「主な画面」で挙げたUIデザインについて見ていきます。

図表36-1 フィットネストラッキングアプリの要件定義

項目	詳細
アプリ名	FitLog
コンセプト	シンプルなフィットネストラッキングアプリ
提供 プラットフォーム	iOS
アプリの概要	FitLogはユーザーが運動を記録し、目標達成に向けた進捗を追跡できるアプリです。運動の種類や時間、消費カロリーを簡単に記録できるほか、グラフ表示で進捗をひと目で確認できます。
ターゲット	フィットネスやダイエットに興味のあるすべてのユーザー
主な機能	1. 運動の種類・時間・消費カロリーの記録 2. グラフ表示 3. 目標設定機能
主なユーザーフロー	1. 運動の追加ボタンをタップ 2. 運動の種類、強度、時間を入力 3. 記録がリストやグラフに表示される 4. 目標達成度が確認できる 5. 記録をタップして編集・削除が可能
主な画面	1. ホーム画面　：運動の記録と目標達成度を表示する画面 2. 運動追加画面：運動の詳細情報を入力する画面 3. 設定画面　　：目標を設定・編集する画面

情報設計を行う

必要な画面を洗い出す

まずは、フィットネストラッキングアプリで必要な画面を洗い出し、次のページの図のようにツリー状にして整理します。

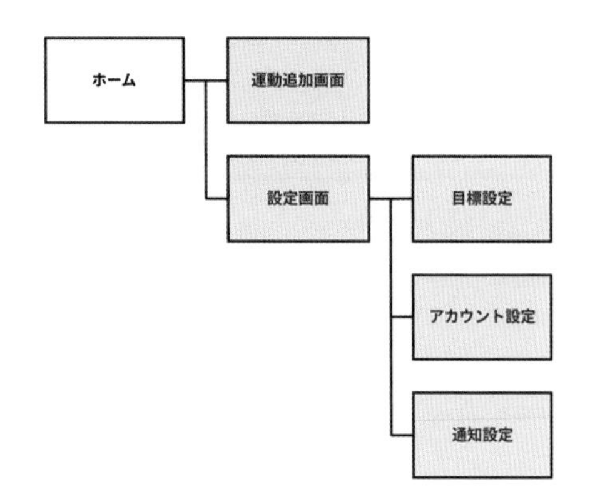

ユーザーフロー図を作成する

アプリに必要な画面の洗い出しができたら、次にユーザーフロー図を作成します。ユーザーフロー図とは、ユーザーがアプリやWebサイトを使って特定の目的やタスクを達成するためにたどるステップを視覚的に表現した図のことです。細かい機能の過不足を洗い出したり、UXを最適化して使いやすさを向上させたりすることに役立ちます。

Figmaでユーザーフロー図を作成する場合、プラグインやキットなどのコミュニティリソースを使用します。今回は、ユーザーフロー図が作成できるキット「User Flows & Annotation Kit」と、図形やフレームを矢印でつなげることができる「Autoflow」プラグインを使用して作成しました。また、FigJam（LESSON 02を参照）でもユーザーフロー図の作成は可能です。

▶ User Flows & Annotation Kit
https://www.figma.com/community/file/1144713033273069477

▶ Autoflow
https://www.figma.com/community/plugin/733902567457592893

次のページの画面では、User Flows & Annotation KitのBlockコンポーネントを使用してユーザーの動きや画面のパーツを作成し、Autoflowでフロー（矢印）を作成しています。

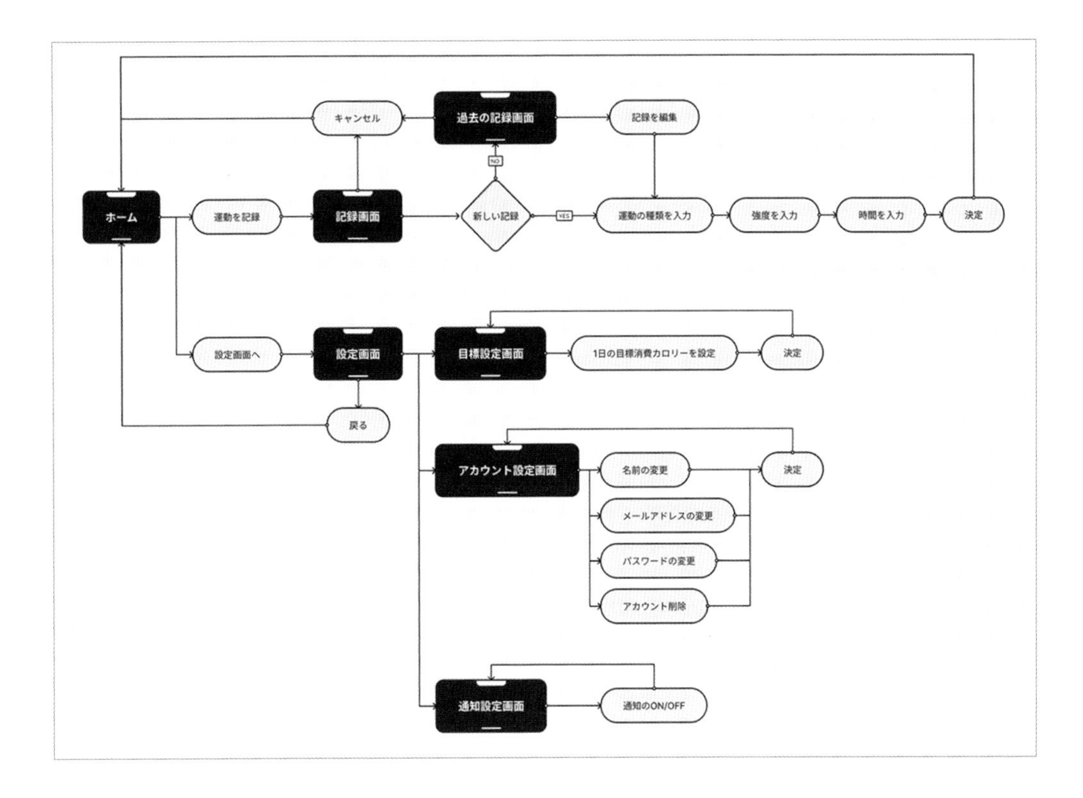

FigJamでユーザーフロー図を作成する

FigJamは情報設計のフェーズでも活躍します。FigJamを使えばユーザーフロー図を作成する際、キットやプラグインを使用せずに、テンプレートやデフォルトの機能だけで作成が可能です。FigJamでの作成例は次のページに記載します。

また、FigJamではパーツとパーツをつなぐ矢印も直感的にドラッグで操作でき、ダブルクリックで矢印の間にテキストを入力することもできます。他にも、作成した図はコピー＆ペーストで、Figmaのデザインデータに貼り付けることが可能です。

カスタマージャーニーマップ（ユーザーが商品を認知してから購入するまでの流れ）やユーザーフロー図、サイトマップ、アイデアのブレストなど、デザインに入る前の上流工程ではFigJamを使うと便利です。

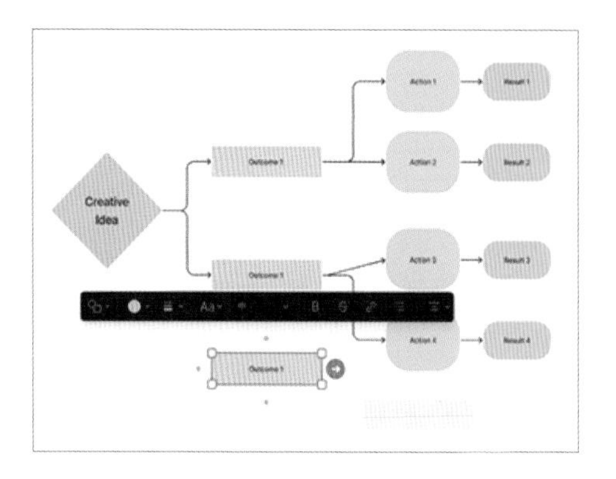

ディレクターやプロジェクトマネージャー（PM）といった非デザイナーの人など、Figmaを使うほどデザインはしないが情報設計などで使ってみたい人は、FigJamから始めることをおすすめします。

ワイヤーフレームを作成する

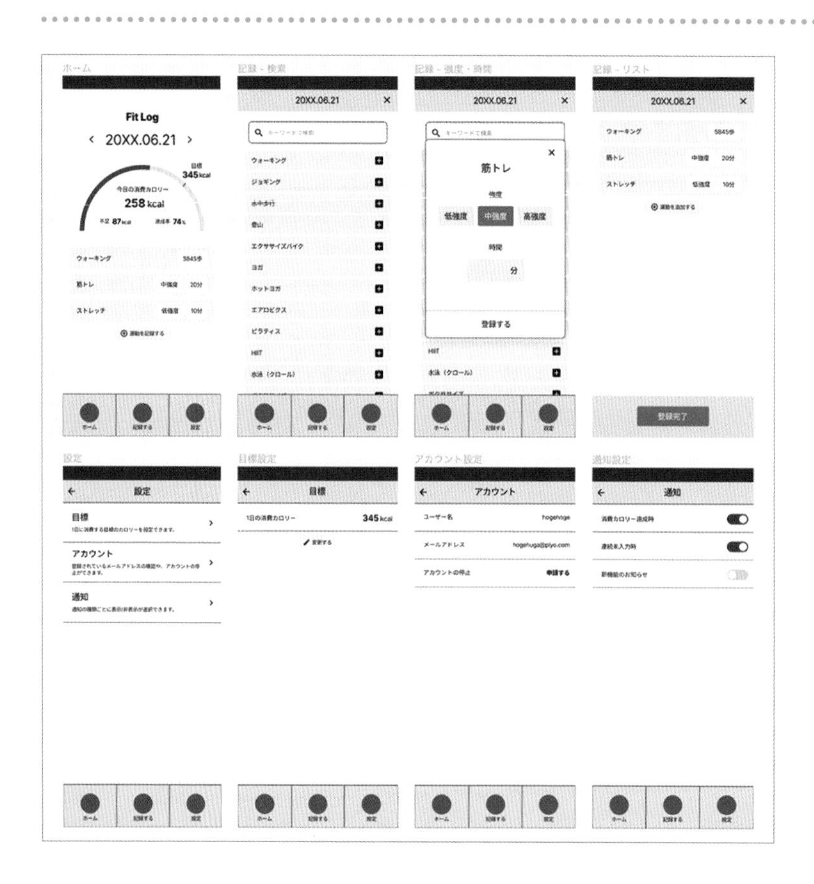

画面一覧とユーザーフロー図をもとに、前のページの画面のようにワイヤーフレームを作成します。ワイヤーフレームはモノクロで作成しましょう（LESSON 18を参照）。コンポーネントセットの作成方法などは、CHAPTER 06を参照してください。ここでは、今までの章で紹介していない「パネル／ボタン」と「円弧」の作成方法を解説します。

パネル／ボタンを作成する

オートレイアウトを用いたパネル／ボタンの作成方法を見ていきましょう。オートレイアウトを使うことで、汎用性の高い柔軟なパーツを作ることができます。以下の画面のように、ウォーキングや筋トレといった運動結果を表示するパネルと運動を記録するボタンを作成しましょう。

運動結果の表示パネルを作成する

まずは、ウォーキング結果を記録する表示パネルから作成していきます。テキストで「5845歩」と入力し、オートレイアウト化しましょう。

テキストをオートレイアウト化できたら、［塗り］を白（#FFFFFF）に設定します。デザインタブの［フレーム］パネルも以下の画面のように調整しましょう。

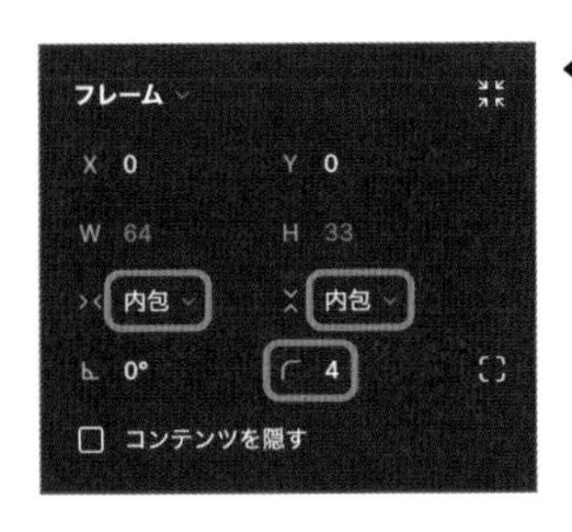

フレーム設定

角の半径：4
水平方向のサイズ調整：コンテンツを内包
垂直方向のサイズ調整：コンテンツを内包

フレームの設定ができたら、オートレイアウトも以下の画面のように調整します。

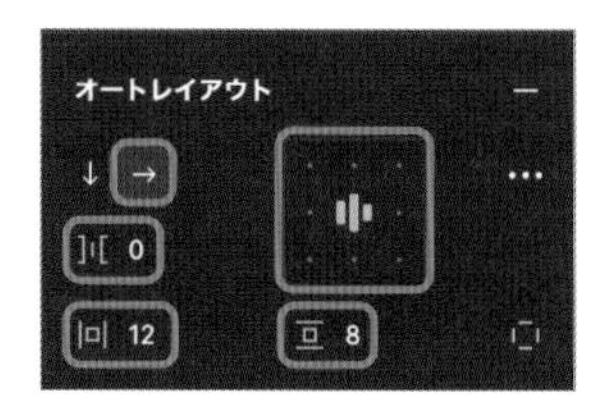

横に並べる
中央揃え
アイテムの間隔（横）：0
水平パディング：12
垂直パディング：8

ウォーキング結果の歩数を、左の画面のように表示できました。次に、もう一度テキストで「ウォーキング」と入力します。そして「ウォーキング」と「5845歩」の2つのパーツを選択し、オートレイアウト化しましょう。

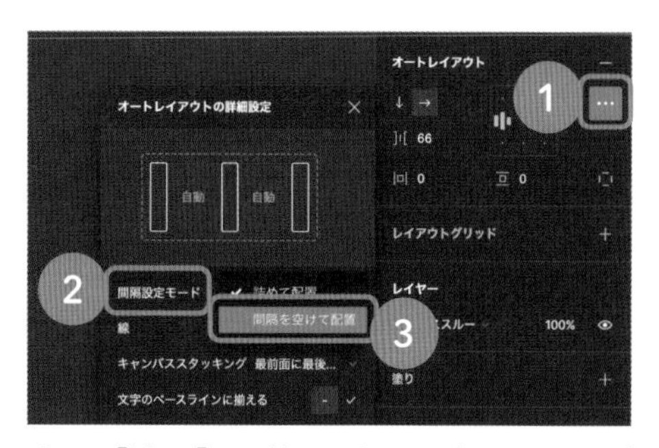

オートレイアウト化できたら、❶［オートレイアウトの詳細設定］パネルを開き、❷［間隔設定モード］を❸［間隔を空けて配置］に変更します。

次に［塗り］を薄いグレー（#ECECEC）に変更し、以下のようにフレームの設定を行いましょう。

フレーム設定

幅：343
角の半径：8
水平方向のサイズ調整：固定幅
垂直方向のサイズ調整：コンテンツを内包

オートレイアウトも同様に調整していきます。

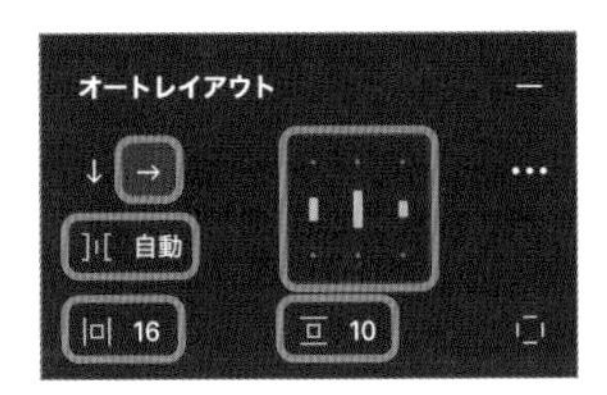

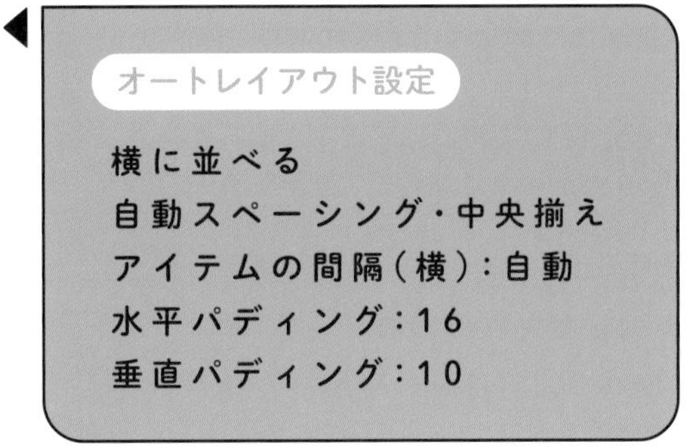

オートレイアウト設定
横に並べる
自動スペーシング・中央揃え
アイテムの間隔(横):自動
水平パディング:16
垂直パディング:10

左の画面のように、ウォーキング結果を記録する表示パネルが完成しました。

筋トレ結果を記録する表示パネルも作ってみましょう。ウォーキング結果を記録する表示パネルをコピーし、上の画面のように歩数パーツをパネル内で複製します。

両パーツを選択し、オートレイアウト化します。オートレイアウトの設定は以下の通りです。

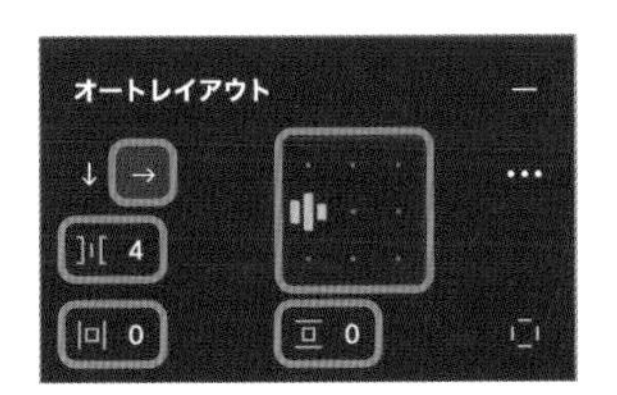

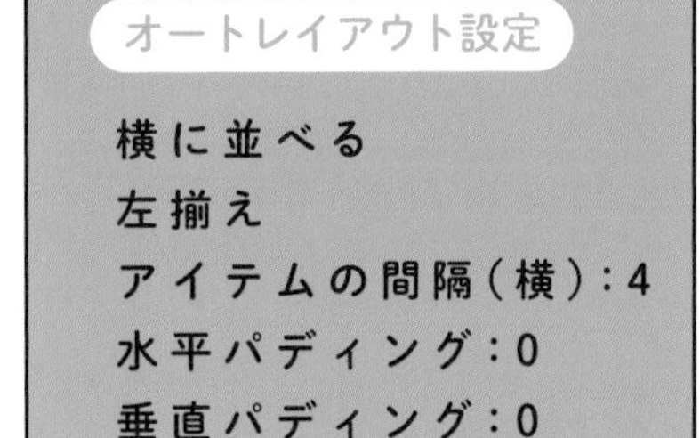

オートレイアウト設定
横に並べる
左揃え
アイテムの間隔(横):4
水平パディング:0
垂直パディング:0

オートレイアウトの設定ができました。テキストを左の画面のように書き換えたら完成です。

運動を記録するボタンを作成する

最後に運動を記録するボタンを作成しましょう。以下の画面のように「+」アイコンと「運動を記録する」テキストを準備します。「+」アイコンは、Googleが提供しているマテリアルデザインに合わせて作られたマテリアルアイコンを呼び出せるプラグインである「Material Design Icons」を使用しています。

▶ Material Design Icons
https://www.figma.com/community/plugin/740272380439725040/Material-Design-Icons

「+」アイコンとテキストを選択し、オートレイアウト化します。[塗り] を薄いグレー(#ECECEC) にし、以下のようにフレームを設定していきます。

フレーム設定

角の半径：48
水平方向のサイズ調整：コンテンツを内包
垂直方向のサイズ調整：コンテンツを内包

同様にオートレイアウトも設定していきます。

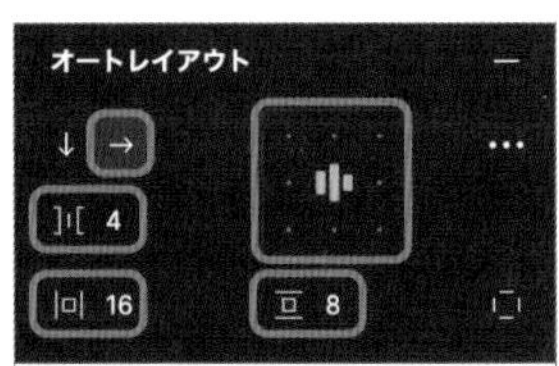

オートレイアウト設定

横に並べる
中央揃え
アイテムの間隔（横）：4
水平パディング：16
垂直パディング：8

これで左の画面のように、運動を記録するボタンが完成しました。

円弧を作成する

楕円ツールを使って円弧（arc）を作成できます。以下の表の機能を使いましょう。

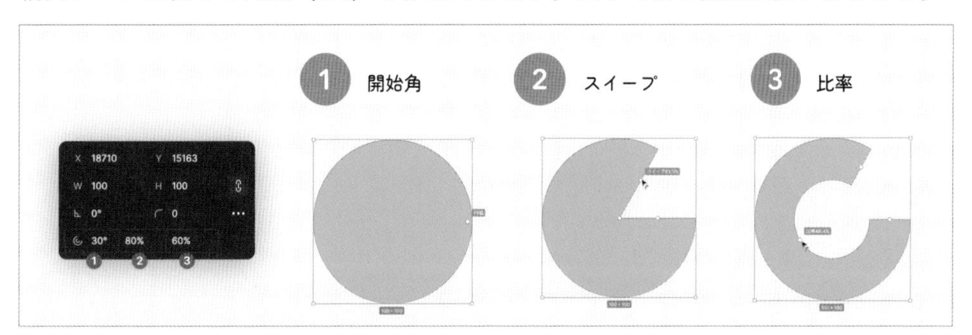

番号	名前	内容
❶	開始角	円弧が開始する角度を決定します。0度は時計の3時の位置で、角度は時計回りに増加します。
❷	スイープ	作成する円弧の範囲を決定します。開始角から始まって時計回りにどれだけ円弧を描くかを指定します。
❸	比率	円形のシェイプをドーナツ状にする際に使います。内側の円弧の半径を外側の円弧の半径に対する比率で表現します。

楕円シェイプを選択すると時計の3時の位置に○が表示されるので、その○をドラッグするとスイープが調整できます。そして開始角と比率の○も表示されるほか、同時に右サイドバーのパネルにも円弧の欄が表示されます。

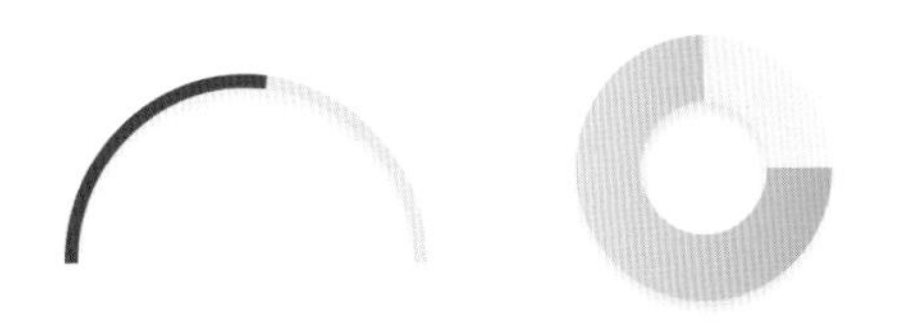

円弧を重ねると簡単に、左のようなプログレスサークル（進捗バーを円環状にしたもの）なども作成できます。

アイコン／パーツの作成時に役立つリソース

最後に、アイコンやパーツを作成する際に便利なリソースを紹介します。

iOS 16 UI Kit for Figma

Figmaのコミュニティでは、有志のメンバーが作成したiOSやAndroidのUIキット（LESSON 02を参照）が豊富に用意されています。OSの新しいバージョンが出ると、すぐに新しいキットもリリースされるのでチェックしましょう。

▶iOS 16 UI Kit for Figma
https://www.figma.com/community/file/1121065701252736567

ステータスバーやホームインジケーターなど、デザインがOSに依存するパーツはUIキットから複製して使用するのが効率的なので、リソースを活用しましょう。

プロトタイピングを行う

本来であれば、ワイヤーフレームの次にプロトタイピングを行い、導線や画面の設計に問題がないか確認してからデザインに入りますが、今回はデザイン完成後のプロトタイピングのみにします。詳しくはLESSON 39を参照してください。

実践編

LESSON 37

デザインシステムを作成する

#UIデザイン
#デザインシステム
#デザイン

一貫したデザインのために必要なコンポーネントをまとめたデザインシステムを作成していきましょう。

ワイヤーフレームが完成したら、デザインシステムを作成していきましょう。今回は以下のようなデザインシステムを作成しました。テキストスタイルと色スタイルを登録し、各コンポーネントに適用しておきましょう。アイコンは前のレッスンで紹介した「Material Design Icons」を使用しています。

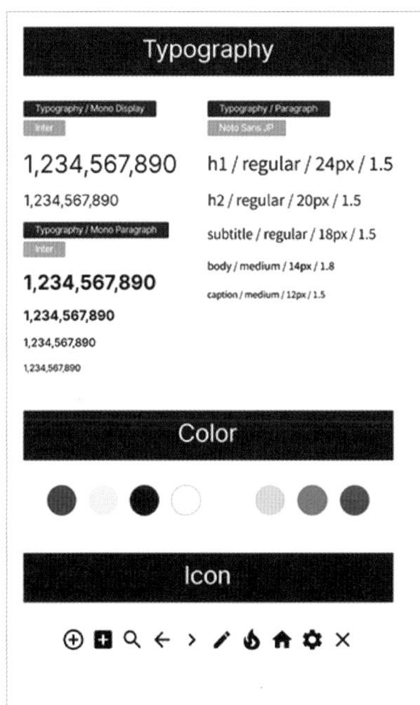

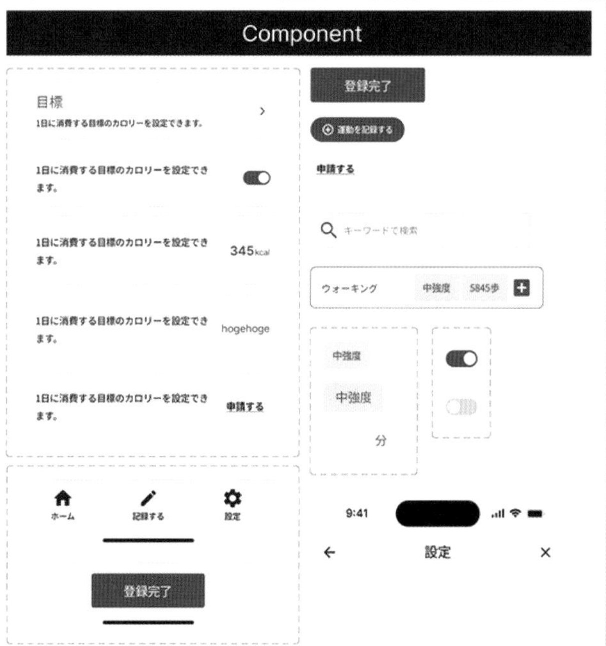

コンポーネントのプロパティ機能の使い方

デザインシステムを作成するうえで、重要な機能である［プロパティ］の使い方を見ていきましょう。プロパティ機能を使うと、コンポーネント内のインスタンスやテキストの変更ができたり、特定のレイヤーの表示・非表示を制御したりできるようになります。

［プロパティ］パネルはコンポーネントを選択したときに、右サイドバーのデザインタブに表示されます。バリアント機能についてはLESSON 21で解説しているので、プロパティの他の機能について使い方を解説します。

このプロパティの使い方を覚えると、デザインシステムの作成がとても効率化されます。少し複雑で難しいですが、使いながら覚えてみてください。プロパティは全部で以下の4種類があります。

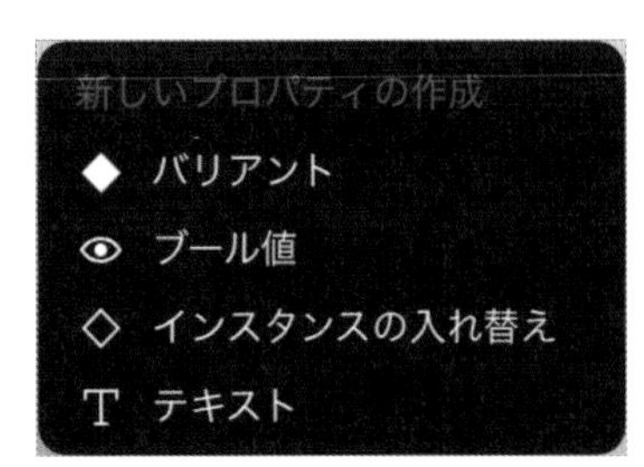

- バリアント
- ブール値
- インスタンスの入れ替え
- テキスト

ブール値で表示・非表示を切り替える

［ブール値］プロパティは、コンポーネント内の特定の要素を表示、または非表示にするために使用します。ブール値は真（true）または偽（false）の2つの状態を持ち、真では表示され、偽では非表示にすることが可能です。

例えば、次のページの画面のようにステータスバーのコンポーネントとして見出しあり（画面左側）と見出しなし（画面右側）の2種類を作成したい場合、見出し部分にブール値プロパティを設定します。そうすることで、見出しの表示・非表示を切り替えられます。

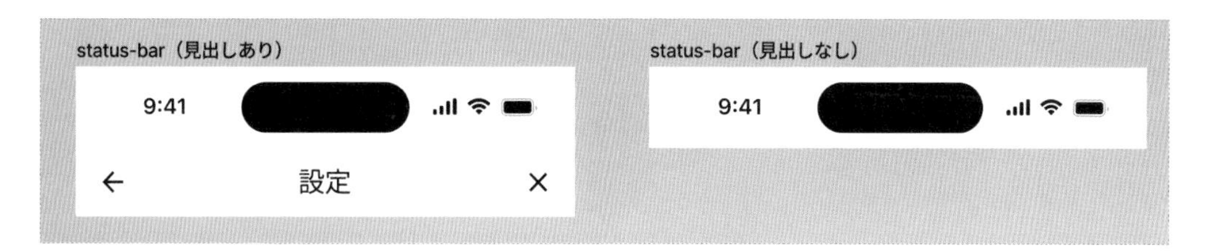

作成方法を見ていきましょう。まずは、見出しありのステータスバーのパーツを作成してコンポーネント化します。今回は、前のレッスンで紹介した「iOS 16 UI Kit for Figma」を組み合わせて作成しています。このとき、以下の画面のように、時間や充電マークが表示されている上のパーツと、戻るボタンや「設定」が表示されている見出しパーツを分けて作成するように注意してください。

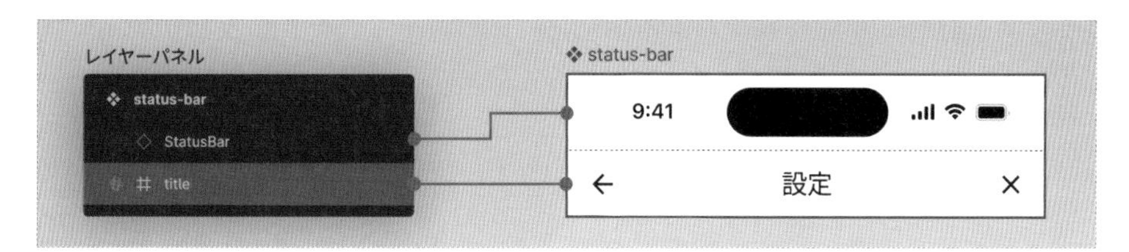

続いて以下の画面にある❶コンポーネント内の見出しのフレームを選択し、❷右サイドバーの［レイヤー］パネルの右上にある［コンポーネントプロパティを作成］(ひし形のアイコン）をクリックします。

「見出しを表示」など、分かりやすいプロパティの名前を入力します。入力したら［プロパティを作成］をクリックします。

続いて、ステータスバーのコンポーネントを複製してインスタンスを作成し、インスタンスを選択してみましょう。以下の画面のように、プロパティ欄に［見出しを表示］という項目が表示されます。［見出しを表示］でスイッチをオン／オフすることで、表示・非表示を切り替えられます。

インスタンスを入れ替える

［インスタンスの入れ替え］プロパティを使用すると、既存のインスタンスを別のインスタンスに簡単に入れ替えられます。例えば、アイコンが付いたボタンのアイコンを、別のアイコンに入れ替えるときなどに使用します。

運動を記録するボタンで実際に設定してみましょう。まずは以下の画面のようにアイコンセットを用意し、すべてのアイコンを個別にコンポーネント化します。このときバリアントにはしないように注意してください。

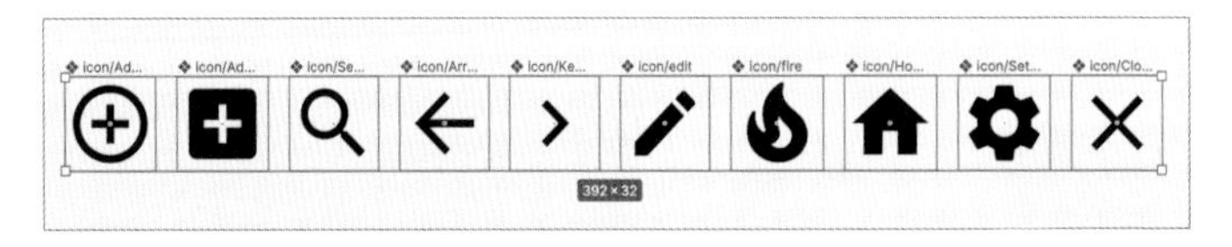

コンポーネント化したアイコンを1つ複製してインスタンスを作成します。そして、そのインスタンスを使ってボタンを作成しましょう（ボタンの作成方法は前のレッスンを参照）。

今回は「+」アイコンでボタンを作成しました。ボタンを作ったらボタンもコンポーネント化しましょう。

コンポーネント化できたら、次のページの画面の❶ボタンの中にあるアイコンのインスタンスを選択し、右サイドバーの［インスタンス］パネルにある❷［コンポーネントプロパティを作成］（ひし形マーク）をクリックします。

［コンポーネントプロパティを作成］パネルから、❶プロパティの名前に「アイコン」と入力します。次に❷［+］をクリックし、❸［ネストされたインスタンス］パネルから優先的に変更リストに表示したいアイコンを選択しましょう。コンポーネントに登録してあるものすべてから選択でき、ここで選択したアイコンが優先して入れ替え候補として表示されるようになります。アイコンを選択できたら❹［プロパティを作成］をクリックします。

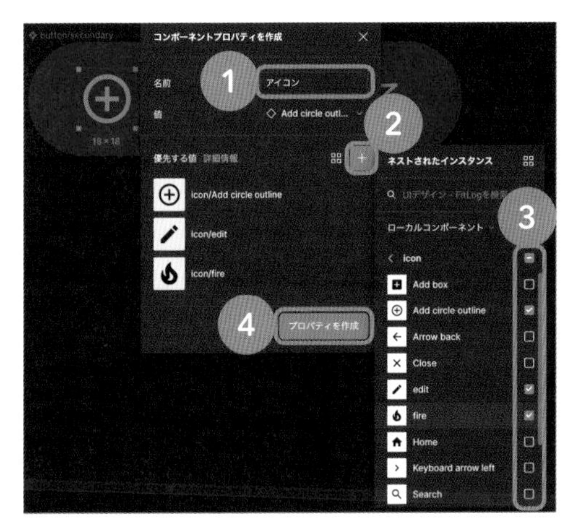

コンポーネント化したボタンを複製してインスタンスを作成します。インスタンスを選択すると、右サイドバーに「アイコン」という項目と、その隣にプルダウンメニューが表示されます。以下の画面のようにプルダウンメニューをクリックして、入れ替えたいアイコンを選択することで、インスタンスの入れ替えが可能になりました。

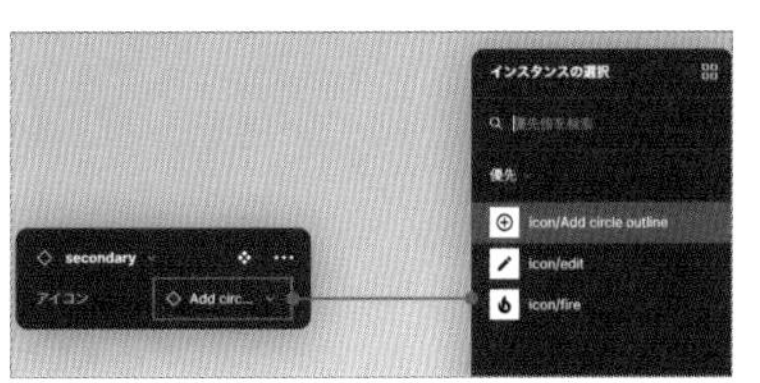

テキストプロパティでテキストを変更する

［テキスト］プロパティは、コンポーネント内のテキストレイヤーに対してテキストの変更を適用するために使用されます。

インスタンスの入れ替えのときに作成したアイコン付きのボタンコンポーネントの中にある❶テキストレイヤーを選択します。そして右サイドバーの［Content］欄にある❷［コンポーネントプロパティを作成する］(ひし形のマーク）をクリックします。❸プロパティ名を「テキスト」に変更し、❹［プロパティを作成］ボタンをクリックします。

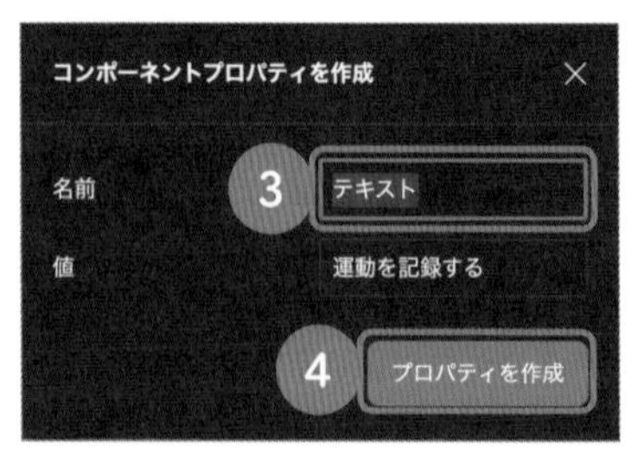

これでテキストプロパティの設定ができました。ボタンコンポーネントのインスタンスを選択すると、左の画面のようにプロパティ欄に「テキスト」という項目が表示されます。これにより、［プロパティ］からテキストの内容を書き換えることが可能になりました。また、テキストレイヤーを直接上書き（オーバーライド）しても［プロパティ］に反映されます。

テキストプロパティは何のために使うの？

テキストプロパティを使用すると、コンポーネントの情報をプロパティに一覧で表示できるので、他のユーザーとのコミュニケーションが、よりスムーズになるメリットがあります。

実践編

LESSON 38

アプリのデザインを作成する

#UIデザイン
#デザイン

これまでのレッスンで作成したワイヤーフレームとデザインシステムを使用して、デザインを作成しましょう。

デザインシステムが完成したら、以下の画面のように、実際にアプリのデザインを作成しましょう。アプリのデザインを作成しながら、デザインシステムのスタイルやコンポーネントを使いやすいかたちに調整していきます。

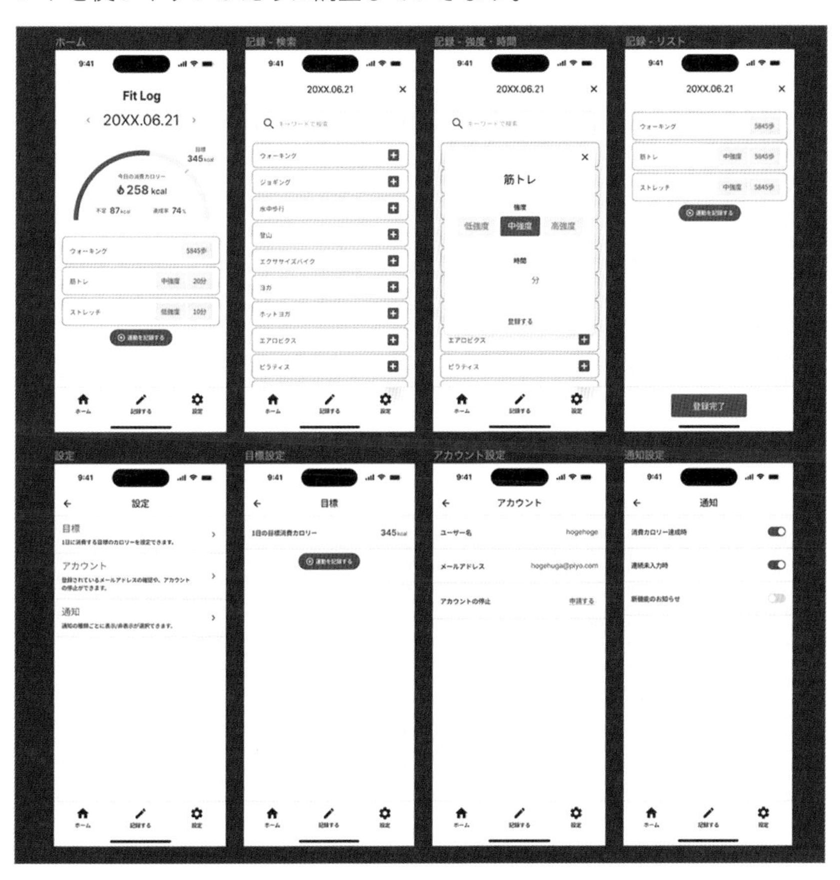

実践編

LESSON 39

プロトタイプの動作を確認する

#UIデザイン
#プロトタイプ

フィットネストラッキングアプリのデザインが完成しました。プロトタイプを確認してみましょう。

デザインが完成したら、ユーザーフローに沿ってプロトタイプを組んでみましょう。プロトタイプとは、ユーザーの動作確認用として作成・検証する試作品です。Figmaでは右サイドバーのプロトタイプタブより設定します。

プロトタイプ機能の使い方

画面遷移を設定する

画面遷移を確認しましょう。まずプロトタイプモードにします。左の画面のように右サイドバーからプロトタイプタブを開きます。

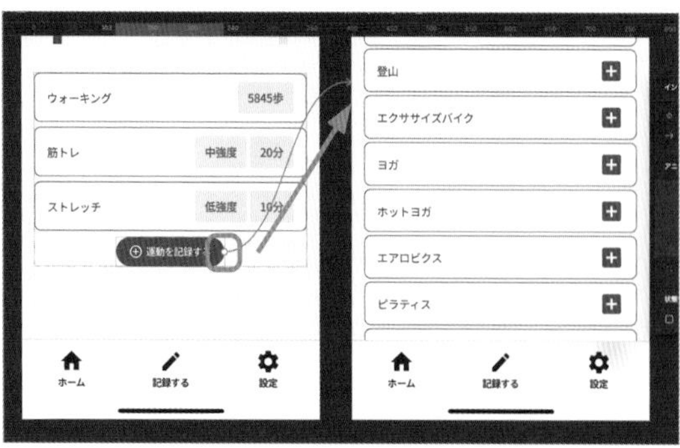

画面遷移を設定したいオブジェクト(ボタン、リンク、画像など)を選択し、青い円形の接続ハンドルをクリックして、遷移先の画面までドラッグします。左の画面では、運動を記録するボタンがタップされたら、運動の種類を選択する画面に遷移するように線をつなげています。

画面遷移のインタラクションを設定する

［インタラクション詳細］パネルでは、以下のように遷移時のインタラクションを調整できます。コネクション（青い線）をつなげたとき、またはコネクションをクリックするとパネルが表示されます。

番号	種類	内容
❶	トリガー	クリック／ドラッグ／マウスオーバーなど、トリガーとなるアクションです。
❷	遷移アクション	次に移動／オーバーレイを開く／戻るなど、遷移のアクションです。
❸	遷移先画面	遷移先に設定する画面です。
❹	アニメーション	遷移時のアニメーションです。
❺	スクロール位置の保持	画面間で移動するときに同じスクロール位置を保持する設定です。

プロトタイプを確認する

プロトタイプを確認するには、ツールバーの右上にある［プレゼンテーションを実行］（再生マーク）をクリックします。

左の画面のようにプロトタイプを表示できました。遷移を設定したトリガーをクリックして、実際に動くか確認してみましょう。

スマートフォンで確認する

Figmaのモバイルアプリを使用して、プロトタイプをスマートフォンの実機で確認することもできます。モバイルアプリの使い方はLESSON 20を参照してください。

プロトタイプの応用機能

ここからは、プロトタイプで設定できる機能を紹介します。

オーバーレイを使用する

モーダルウィンドウ（指定した操作を完了またはキャンセルするまで他のウィンドウを開くことができないウィンドウ）や、ポップアップ画面などを再現する方法を紹介します。

使用する機能は、オーバーレイ（プロトタイプで他要素の上に重ねて表示する要素）です。まず、以下の画面のようにオーバーレイで表示させたいパーツをフレーム化します。

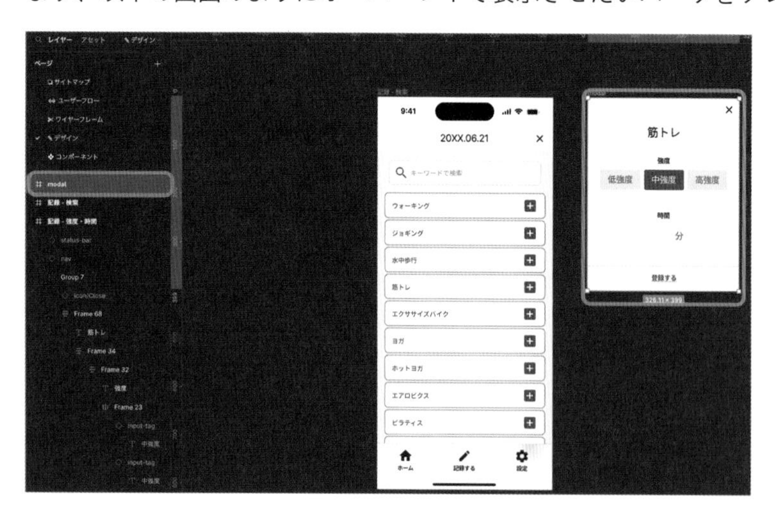

次のページの画面のように、オーバーレイを表示したい画面からコネクションをつなぎ、[インタラクション詳細] の遷移アクションで [オーバーレイを開く] を選択します。

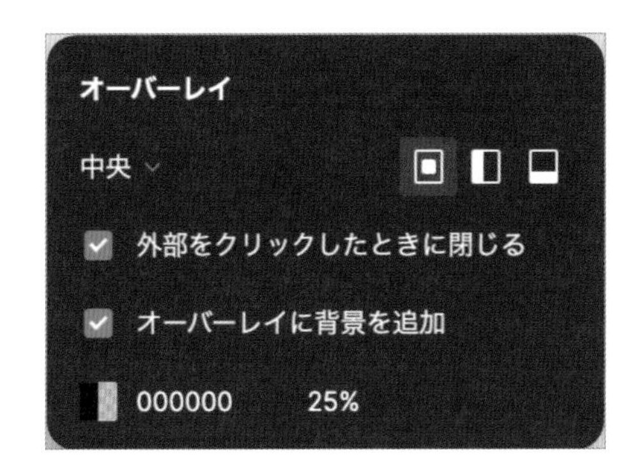

［オーバーレイを開く］を選択すると、左の画面のように［オーバーレイ］パネルが表示されます。このパネルでは、外部をクリックしたときに閉じる設定や、背景を暗くする設定も可能です。

これで、オーバーレイで表示するパーツから［オーバーレイを閉じる］（以下の画面にある青い四角にバツマーク）にコネクションをつなげられるようになります。これは閉じるボタンなどに使用します。

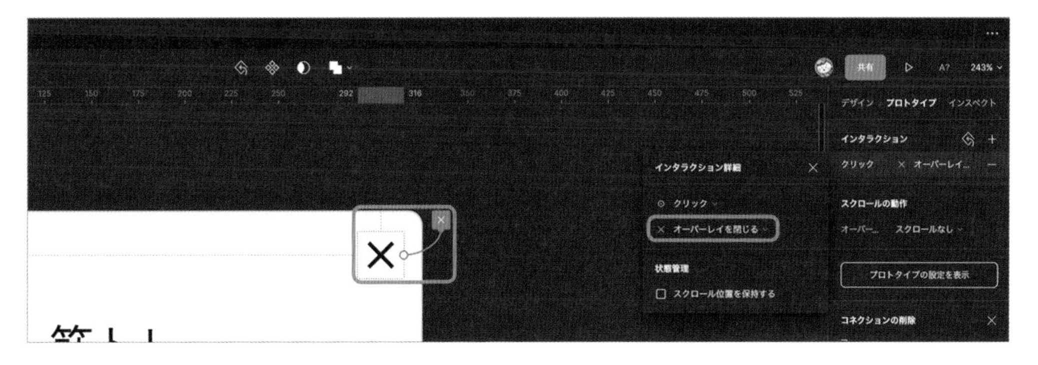

以上でオーバーレイの設定ができました。プレゼンテーションモードで挙動を確認してみましょう。

フローの開始位置を設定する

Figmaの仕様では通常、左上に配置してあるフレームが最初に表示されるようになっています。しかし、プロトタイプを見せるとき、特定のフレームから動きを見せたい場合もあるでしょう。そういった場合は、フローの開始位置を設定します。

フローを始めたいフレームを選択し、以下の画面のように右サイドバーの［フローの開始地点］をクリックしましょう。フレームの左上に表示されている再生マークをクリックすると、プレゼンテーションモードが実行されます。

上の画面のフレーム左上に表示されている青いタグの名前を変更したい場合は、ダブルクリックもしくは右サイドバーのフロー名をクリックして、名前を変更しましょう。

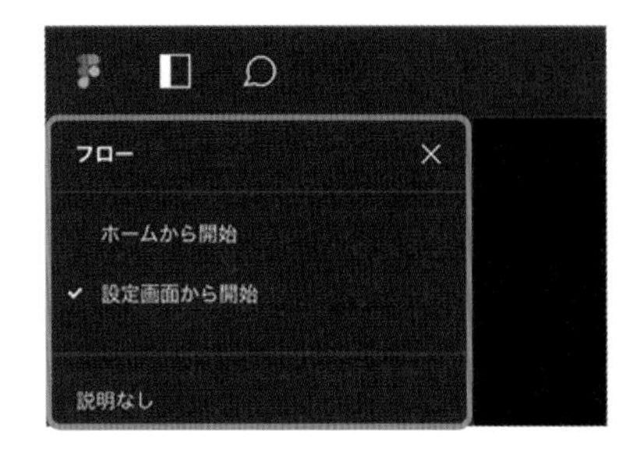

フローの開始位置は左の画面のように、プレゼンテーションモードの左サイドバーに一覧で表示されます。クリックすると開始位置が変わります。

クリックアクションを追加する

プロトタイプの応用として、タップで動くスイッチのパーツを作成してみましょう。まずバリアント機能を使用して、以下の画面のようにオンの状態とオフの状態のスライドボタンを作成します。

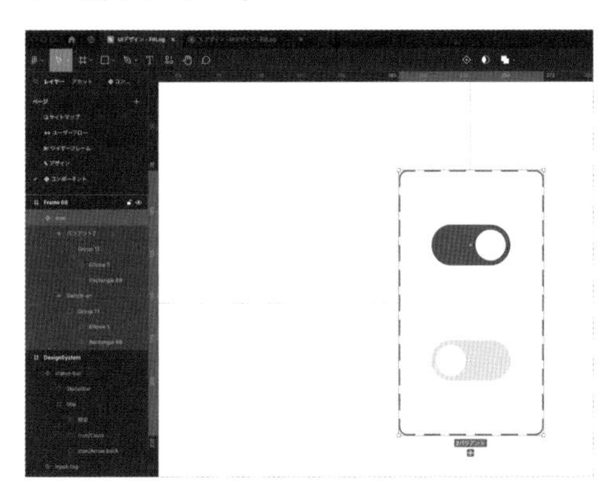

続いて、以下の画面のようにボタンを互いにコネクションでつなぎましょう。その後、コネクション部分をクリックして［インタラクションの詳細］画面を表示します。

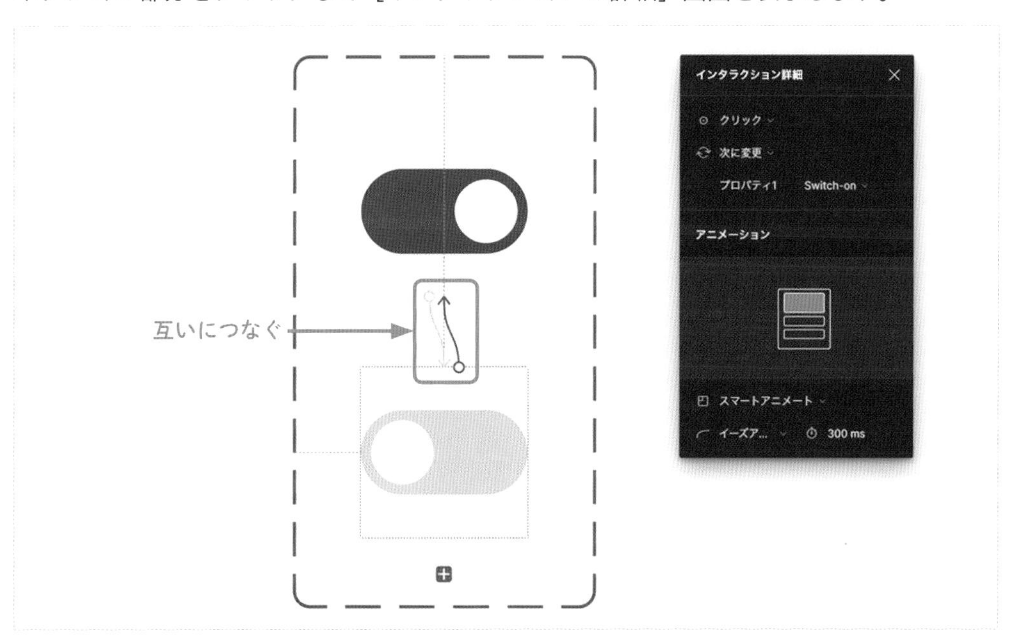

［インタラクション詳細］パネルでは［トリガー］を［クリック］、［アクション］を［次に変更］、［アニメーション］を［スマートアニメート］に設定します。もう片方のコネクションにも同じ設定をします。

さらに、スイッチパーツを複製し、インスタンスを作成して配置します。プレゼンテーションモードでスイッチアイコンをクリックすると、左の画面のようにスムーズにアニメーションしながらオン／オフが切り替えられるようになります。

スマートアニメートとは

スマートアニメートとは、オブジェクト間のアニメーション遷移を自動的に生成する機能です。2つの異なる画面の間で共通のオブジェクトやレイヤーを自動的に認識し、位置／サイズ／透明度／回転などの変更をスムーズにアニメーション化します。これにより、ユーザーがボタンをタップしたり、画面をスワイプしたりする際に、自然な遷移やアニメーションを実現できます。レイヤー名が異なっていると同じレイヤーとして認識されないので、同じレイヤー名を付けるようにしましょう。

INDEX

アルファベット

ア

カ

サ

タ

ナ・ハ

マ・ヤ

ラ・ワ

本書のご感想をぜひお寄せください

https://book.impress.co.jp/books/1122101143

アンケート回答者の中から、抽選で図書カード（1,000円分）などを毎月プレゼント。当選者の発表は賞品の発送をもって代えさせていただきます。
※プレゼントの賞品は変更になる場合があります。

STAFF LIST

カバー・本文デザイン	松本 歩（細山田デザイン事務所）
カバーイラスト	どいせな
DTP制作・校正	株式会社トップスタジオ
デザイン制作室	今津幸弘（imazu@impress.co.jp） 鈴木 薫（suzu-kao@impress.co.jp）
編集	水野純花（mizuno-a@impress.co.jp）
編集長	小渕隆和（obuchi@impress.co.jp）

■商品に関する問い合わせ先

このたびは弊社商品をご購入いただきありがとうございます。本書の内容などに関するお問い合わせは、下記のURLまたは二次元バーコードにある問い合わせフォームからお送りください。

https://book.impress.co.jp/info/

上記フォームがご利用いただけない場合のメールでの問い合わせ先
info@impress.co.jp
※お問い合わせの際は、書名、ISBN、お名前、お電話番号、メールアドレスに加えて、「該当するページ」と「具体的なご質問内容」「お使いの動作環境」を必ずご明記ください。なお、本書の範囲を超えるご質問にはお答えできないのでご了承ください。

●電話やFAX でのご質問には対応しておりません。また、封書でのお問い合わせは回答までに日数をいただく場合があります。あらかじめご了承ください。
●インプレスブックスの本書情報ページ https://book.impress.co.jp/books/1122101143では、本書のサポート情報や正誤表・訂正情報などを提供しています。あわせてご確認ください。
●本書の奥付に記載されている初版発行日から3年が経過した場合、もしくは本書で紹介している製品やサービスについて提供会社によるサポートが終了した場合はご質問にお答えできない場合があります。

■落丁・乱丁本などのお問い合わせ先

FAX：03-6837-5023
service@impress.co.jp
※古書店で購入された商品はお取り替えできません。

はじめてでも迷(まよ)わないFigma(フィグマ)のきほん やさしく学(まな)べるWeb(ウェブ)サイト・バナーデザイン入門(にゅうもん)

2023年7月11日 初版発行

著　者　もち
発行人　高橋隆志
発行所　株式会社インプレス
〒101-0051　東京都千代田区神田神保町一丁目105番地
ホームページ　https://book.impress.co.jp/

印刷所　株式会社暁印刷
ISBN978-4-295-01674-8 C3055
Printed in Japan

impress 株式会社インプレス